"十四五"职业教育国家规划教材

居住空间设计

主　编　张　雪　吴文达
副主编　陈晓燕　邵　飞
参　编　王慧惠　张　莉　许言讷　王　莉

北京理工大学出版社
BEIJING INSTITUTE OF TECHNOLOGY PRESS

内 容 提 要

本书为"十四五"职业教育国家规划教材。全书由6个项目组成，分别为居住空间设计基本理念、居住空间设计要素、居住空间功能分区、居住空间设计实训——单身公寓设计、居住空间设计实训——三室两厅住宅设计、案例赏析。本书根据专业特色，注重理论和实践相结合，突出工具性和适用性。每一个项目通过"任务导入"引出知识点，通过"任务操作"强调知识点，通过"扬帆起航"运用知识点，做到既有理论指导性，又有设计针对性，锻炼和提高学生和设计爱好者的综合设计思维和动手操作能力。每个项目都有丰富的设计案例，注重应用实践能力的培养，内容简明扼要，文字通俗易懂，使学生和设计爱好者更易学习和理解。

本书可作为本科院校、高等职业院校、中等职业学校的建筑装饰工程技术、环境艺术设计、建筑室内设计等专业或相近专业的学生用书，也可作为设计爱好者的参考用书。

版权专有　侵权必究

图书在版编目（CIP）数据

居住空间设计 / 张雪，吴文达主编 .-- 北京：北京理工大学出版社，2023.8 重印
　ISBN 978-7-5763-0370-4

　Ⅰ.①居…　Ⅱ.①张…②吴…　Ⅲ.①住宅－室内装饰设计　Ⅳ.① TU241

中国版本图书馆 CIP 数据核字（2021）第 188964 号

出版发行 / 北京理工大学出版社有限责任公司
社　　址 / 北京市丰台区四合庄路6号院
邮　　编 / 100070
电　　话 /（010）68914775（总编室）
　　　　　（010）82562903（教材售后服务热线）
　　　　　（010）68944723（其他图书服务热线）
网　　址 / http://www.bitpress.com.cn
经　　销 / 全国各地新华书店
印　　刷 / 河北鑫彩博图印刷有限公司
开　　本 / 889毫米×1194毫米　1/16
印　　张 / 9.5　　　　　　　　　　　　　　　　责任编辑 / 钟　博
字　　数 / 254千字　　　　　　　　　　　　　　文案编辑 / 钟　博
版　　次 / 2023年8月第1版第3次印刷　　　　　　责任校对 / 周瑞红
定　　价 / 59.80元　　　　　　　　　　　　　　责任印制 / 边心超

图书出现印装质量问题，请拨打售后服务热线，本社负责调换

出版说明 PUBLISHER'S NOTE

五年制高等职业教育（简称五年制高职）是指以初中毕业生为招生对象，融中高职于一体，实施五年贯通培养的专科层次职业教育，是现代职业教育体系的重要组成部分。

江苏是最早探索五年制高职教育的省份之一，江苏联合职业技术学院作为江苏五年制高职教育的办学主体，经过20年的探索与实践，在培养大批高素质技术技能人才的同时，在五年制高职教学标准体系建设及教材开发等方面积累了丰富的经验。"十三五"期间，江苏联合职业技术学院组织开发了600多种五年制高职专用教材，覆盖了16个专业大类，其中178种被认定为"十三五"国家规划教材，学院教材工作得到国家教材委员会办公室认可并以"江苏联合职业技术学院探索创新五年制高等职业教育教材建设"为题编发了《教材建设信息通报》（2021年第13期）。

"十四五"期间，江苏联合职业技术学院将依据"十四五"教材建设规划进一步提升教材建设与管理的专业化、规范化和科学化水平。一方面将与全国五年制高职发展联盟成员单位共建共享教学资源，另一方面将与高等教育出版社、凤凰职业教育图书有限公司等多家出版社联合共建五年制高职教育教材研发基地，共同开发五年制高职专用教材。

本套"五年制高职专用教材"以习近平新时代中国特色社会主义思想为指导，落实立德树人的根本任务，坚持正确的政治方向和价值导向，弘扬社会主义核心价值观。教材依据教育部《职业院校教材管理办法》和江苏省教育厅《江苏省职业院校教材管理实施细则》等要求，注重系统性、科学性和先进性，突出实践性和适用性，体现职业教育类型特色。教材遵循长学制贯通培养的教育教学规律，坚持一体化设计，契合学生知识获得、技能习得的累积效应，结构严谨，内容科学，适合五年制高职学生使用。教材遵循五年制高职学生生理成长、心理成长、思想成长跨度大的特征，体例编排得当，针对性强，是为五年制高职教育量身打造的"五年制高职专用教材"。

江苏联合职业技术学院
教材建设与管理工作领导小组
2022年9月

前言 PREFACE

党的二十大报告指出，十年来，"我们深入贯彻以人民为中心的发展思想，在幼有所育、学有所教、劳有所得、病有所医、老有所养、住有所居、弱有所扶上持续用力，人民生活全方位改善"。在全面建设社会主义现代化国家的伟大征程中，我们仍将"坚持以人民为中心的发展思想"，"加快构建新发展格局，着力推动高质量发展"，"构建优质高效的服务业新体系，推动现代服务业同先进制造业、现代农业深度融合"。在此时代背景下，职业教育行业肩负着"全面贯彻党的教育方针，落实立德树人根本任务，培养德智体美劳全面发展的社会主义建设者和接班人"的历史使命。

居住空间设计是建筑装饰工程技术、建筑室内设计和环境艺术设计等专业的一门核心课程，是培养应用型职业技能人才的一门专业必修课。随着社会经济的不断发展，人们的生活水平不断提高，居住空间作为人类重要的生存空间，已被赋予新的内涵，改善并创造着人与室内环境的和谐关系。

本书是根据课程标准要求，与南京嘉怡装饰设计有限公司、南京田创懿装饰工程有限公司进行校企合作开发，邀请行业企业技术人员王莉参与，确保理论知识和技能与岗位要求紧密对接；同时体现以能力为本位，以学生的行动能力为出发点组织教材内容，将基础理论知识教学与技能培养过程有机结合，融入职业精神和工匠精神，着重培养学生的综合应用能力、实践能力和创新能力；教材体现"以学生为中心，教学做合一"思想，合理设计教学项目和教学任务，适应不同教学方式的要求。

本书编写遵循"实用为主，够用为度，以应用为目的"的原则，共分为6个项目，项目1主要介绍居住空间设计基本理念；项目2主要介绍居住空间设计要素；项目3分析居住空间的功能分区并结合对应的功能分区案例进行讲解和训练；项目4和项目5以项目实践为主线，对知识进行综合利用，并将适老化、无障碍等内容融入其中；项目6为案例赏析，拓展学生的设计理念和设计视野。全书注重知识点与项目实践相结合，在案例导学上遵循学生认知规律，项目从简到繁，从小到大，使学生在学习过程中能举一反三，触类旁通。

在本书编写过程中，得到了部分实力雄厚的室内装饰企业和江苏省室内装饰协会的鼎力相助，提供了大量的实践项目和比赛作品，从而使本书更好地实现岗位对接，另外，书中也在相关设计网站收集了大量资料，在此一并表示感谢。

由于编者水平有限，书中不足之处在所难免，希望相关专家和同行提出宝贵意见。

编 者

目录 CONTENTS

项目1 居住空间设计基本理念 / 001

任务 1.1 基本概念与发展趋势 / 001
- 1.1.1 居住空间的概念 / 002
- 1.1.2 居住空间的发展趋势 / 002

任务 1.2 居住空间设计风格 / 004
- 1.2.1 现代简约风格 / 005
- 1.2.2 新中式风格 / 005
- 1.2.3 简欧风格 / 006
- 1.2.4 美式田园与小美风格 / 007
- 1.2.5 地中海风格 / 008
- 1.2.6 北欧风格 / 009
- 1.2.7 日式风格 / 009
- 1.2.8 东南亚风格 / 010
- 1.2.9 混搭风格 / 011

任务 1.3 居住空间设计程序 / 012
- 1.3.1 居住空间的目标 / 012
- 1.3.2 居住空间的设计内容 / 012
- 1.3.3 居住空间的设计程序 / 013

任务 1.4 居住空间设计创意方法 / 016
- 1.4.1 小户型的居住空间创意方法 / 017
- 1.4.2 小户型空间创意设计要诀 / 019

项目2 居住空间设计要素 / 020

任务 2.1 居住空间的类型 / 020

任务 2.2 居住空间与人体工程学 / 025
- 2.2.1 居住空间设计的依据——人体工程学 / 026
- 2.2.2 居住内含物的尺寸 / 026

任务 2.3 居住空间处理方式与分隔形式 / 030
- 2.3.1 居住空间的处理 / 030
- 2.3.2 居住空间的处理方式 / 030
- 2.3.3 居住空间的分隔形式 / 031

任务 2.4 居住空间界面设计 / 035
- 2.4.1 空间界面的处理 / 036
- 2.4.2 空间界面设计的原则与要点 / 038

任务 2.5 居住空间色彩与材质设计 / 041
- 2.5.1 居住空间色彩设计 / 041
- 2.5.2 居住空间材料分析 / 046

任务 2.6 居住空间采光与照明设计 / 051

任务 2.7 居住空间家具与陈设设计 / 057
- 2.7.1 家具类型与布置 / 058
- 2.7.2 家具造型与材质 / 058
- 2.7.3 家具风格与内涵 / 059
- 2.7.4 装饰艺术陈设品 / 060

2.7.5 其他陈设 / 061

任务 2.8　居住空间与环境心理学 / 063
 2.8.1 环境心理学的含义与基本研究内容 / 064
 2.8.2 室内环境中人的心理与行为 / 064
 2.8.3 环境心理学在室内空间设计中的运用 / 065

项目 3　居住空间功能分区 / 072

任务 3.1　居住空间的平面功能分析 / 072
 3.1.1 居住空间平面功能分析和布局 / 073
 3.1.2 居住空间动线分析 / 074

任务 3.2　公共活动空间设计 / 077
 3.2.1 玄关设计 / 078
 3.2.2 客厅设计 / 080
 3.2.3 餐厅设计 / 083
 3.2.4 走廊和楼梯设计 / 086
 3.2.5 阳台设计 / 089

任务 3.3　私密活动空间设计 / 091
 3.3.1 卧室设计 / 092
 3.3.2 书房设计 / 096
 3.3.3 卫浴间设计 / 098

任务 3.4　家务活动空间设计 / 102
 3.4.1 厨房设计 / 103
 3.4.2 储藏间设计 / 109

项目 4　居住空间设计实训——单身公寓设计 / 112

任务 4.1　单身公寓设计原则 / 112
 4.1.1 单身公寓的户型性质 / 113
 4.1.2 单身公寓的设计要点 / 113
 4.1.3 单身公寓的设计原则 / 115

任务 4.2　单身公寓设计实例 / 118
 4.2.1 单身公寓设计实例分析 / 118
 4.2.2 未来单身公寓空间优化设计 / 121

项目 5　居住空间设计实训——三室两厅住宅设计 / 125

任务 5.1　三室两厅住宅室内设计原则 / 125
 5.1.1 三室两厅的户型性质 / 126
 5.1.2 三室两厅住宅室内设计的原则 / 126
 5.1.3 家庭生活行为模式 / 127
 5.1.4 三室两厅住宅室内设计的细化及适老化 / 129
 5.1.5 三室两厅住宅室内设计的灵活变化 / 134

任务 5.2　三室两厅户型设计实例 / 135

项目 6　案例赏析 / 141

参考文献 / 142

PROJECT ONE

项目 1　居住空间设计基本理念

项目介绍

居住空间设计是住宅建筑设计的延续和深化，也是最贴近人们的生活、情感、健康、舒适的设计类型。本项目将分为基本概念与发展趋势、居住空间设计风格、居住空间设计程序、居住空间设计创意方法四个任务来进行学习。要求学生能够理解并掌握居住空间设计的基本理念，了解居住空间的发展历史和趋势，建立民族自豪感，增强民族自信和文化自信；掌握居住空间设计风格，提升审美和艺术修养；理解设计程序，训练有序思维，养成制定计划和按计划行动的工作习惯，培养解决问题的能力；了解设计方法，培养创新意识，坚持守正创新，引导学生自觉传承和弘扬中国优秀传统文化，夯实学生的爱国情感。

居住空间设计
基本理念

任务 1.1　基本概念与发展趋势

- **建议学时**：理论课时：2 课时，实训课时：2 课时。
- **学习目标**：通过任务 1.1 的学习，使学生了解居住空间设计的基本概念，了解未来的发展趋势。
- **学习重点**：重点掌握居住空间设计的基本概念。
- **学习难点**：了解居住空间设计未来的发展趋势及当前我国的室内设计和建筑装饰存在的一些问题。

任务导入

让学生结合自己的生活，谈一谈自己居住的空间及对室内空间设计的认识。

知识导航

1.1.1 居住空间的概念

居住空间是指客厅（起居室）、餐厅、厨房、卧室、卫生间等的使用空间。

居住空间设计是根据建筑物的使用性质、所处环境和相应标准，运用物质技术手段和建筑美学原理，创造功能合理、舒适优美、满足人们物质和精神生活需要的室内空间环境。这个空间环境既具有使用价值，也会有建筑风格、环境气氛、历史文脉等精神因素。

在上述含义中，明确地将"创造满足人们物质和精神生活需要的室内空间环境"作为室内设计的目的，即以人为本，一切围绕为"人的生活生产活动"创造美好的室内空间环境。

如今的空间设计既有很高的艺术性要求，涉及的设计内容又有很高的技术含量，并且与一些新兴学科，如人体工程学、环境心理学、环境物理学等关系极为密切。

对室内设计含义的理解，以及它与建筑设计的关系，从不同的视角、不同的侧重点来分析有不少具有深刻见解值得我们仔细思考和借鉴的观点，我国的建筑师戴念慈先生（江苏省无锡市锡山区东港镇陈墅村人）认为"建筑设计的出发点和着眼点是内涵的建筑空间，将空间效果作为建筑艺术追求的目标，而界面、门窗是构成空间必要的从属部分。从属部分是构成空间的物质基础，并对内涵空间使用的观感起决定性作用，然而毕竟是从属部分，至于外形只是构成内涵空间的必然结果"。

在室内设计的同时要依据"使用性质""所在场所""经济投入"等因素。

（1）使用性质：设计的建筑物和室内空间具有什么样的功能；

（2）所在场所：建筑物和室内空间的周围环境状况；

（3）经济投入：工程项目的总投资和单方造价标准的控制。

1.1.2 居住空间的发展趋势

室内设计作为一门新兴的学科，尽管只是近数十年的事，但早在人类文明伊始，人们就有意识地对自己生活、生产活动的空间进行美化布置，跟人类进化史一样发展到了今天。

原始社会时期的西安半坡村（图1-1-1），从遗址上就不难看出将居住的空间分为方形和圆形，按使用需要将室内作出分隔，使入口和火坑的位置布置合理。方形居住空间近门的火坑安排有进风的浅槽；圆形居住空间入口处两侧，也设置起引导气流作用的短墙。

近代文明时期的明清故宫（图1-1-2），皇家的居住空间，是世界现存最大、最完整的古建筑群，被誉为世界五大宫之首（北京故宫、法国凡尔赛宫、英国白金汉宫、美国白宫、俄罗斯克里姆林宫）。故宫是严格按照封建宗法礼制设计规划的，前面三个大殿为外朝，是皇帝处理政务的地方；后面的宫

图1-1-1　西安半坡村复原图

图1-1-2　故宫

殿群则为内廷，住着后宫嫔妃，是皇帝家庭生活之所。"左祖（太庙）右社（社稷坛）"和传统的阴阳五行学说，也在故宫建筑中得到运用。依照中国古代的星象学说，紫微垣（即以北极星为中心的区域）是天帝居住之处，天人对应，所以，皇帝的宫殿被称为紫禁城。

我国从1949年到现在，住宅家居经历了"由少到多""由数量到质量""由数量和质量并举"的发展阶段。20世纪80年代以前，大多数住宅行为都集中发生在一个"混合性质"的空间内（图1-1-3）。通常，一个户型单元被分配给2~3户家庭合住，起居室空间被改成走廊式布置，而厨房、厕所也被公用。到了20世纪80年代以后，随着社会经济条件的改善，居住空间也随之发生很大的变化。小面宽、大进深，有效地节约住宅用地，"动静分区""居寝分离"也渐渐成为住宅质量的标准。套型设计开始考虑家用电器的放置，并兼顾使用者的行为规律，满足活动需求（图1-1-4）。20世纪90年代，商品房政策全面推行，我国迈入了住宅产品化的时代。随着房地产市场的竞争白热化，住宅的套型设计也越来越丰富，玄关、功能阳台、双卫生间等强调舒适性的功能空间纷纷出现（图1-1-5、图1-1-6）。

当前我国的室内设计和建筑装饰，存在一些值得注意的问题：

（1）环境整体和建筑功能意识薄弱。对所设计室内空间内外环境的特点，对所在建筑的使用功能、类型性格考虑不够，容易将室内设计孤立地、封闭地对待。

（2）对公共性的室内设计有所忽视。设计者和施工人员对旅游宾馆、大型商场、高级餐厅等的室内设计比较重视，相对地对涉及大多数人使用的大量性建筑，如学校、幼儿园、诊所、社区生活服务设施等的室内设计重视研究不够，对职工集体宿舍、大量性住宅以及各类生产性建筑的室内设计也有所忽视。

（3）对技术、经济、管理、法规等问题注意不够。现代室内设计与结构、构造、设备材料、施工工艺等技术因素结合非常紧密，科技的含量日益增高，设计者除应有必要的建筑艺术修养外，还必须认真学习和了解现代建筑装修的技术与工艺等有关内容；同时，应加强室内设计与建筑装饰中有关法规的完善和执行，如《建设工程项目管理试行法》《中华人民共和国招标投标法》及消防、卫生防疫、环保、工程监理、设计定额指标等各项有关法规和规定的实施。

图1-1-3　混合合住型

图1-1-4　20世纪80年代的家具

图1-1-5　蓬勃发展的商品房住宅

图1-1-6　多功能休闲区

（4）增强室内设计的创新精神。室内设计固然可以借鉴国内外传统和当今已有设计成果，但不应是简单的"抄袭"，或不顾及环境和建筑类型性格的"套用"，现代室内设计理应倡导结合时代精神的创新。

居住空间的未来发展趋势必定是朝着个性舒适、绿色环保、节能美观的方向发展，无障碍设计也会慢慢提上日程，除在特殊的专用住宅中，体现对特殊人群的需求外，普通住宅将会广泛实现无障碍设计，也体现出对人的"最大关怀"！

任务操作

收集整理 1949 年到现在我国住宅空间发生变化的图片及相关资料。

扬帆起航

想一想：如何解决或改善我国当前室内设计和建筑装饰存在的问题。

练一练：通过任务 1.1 的学习，谈一谈对居住空间设计的新的认识。

任务1.2 居住空间设计风格

◆ **建议学时**：理论课时：4 课时，实训课时：4 课时。

◆ **学习目标**：通过任务 1.2 的学习，使学生掌握居住空间设计的各种风格特征，了解它们的差异，并能实践到生活中认出室内的装修风格。

◆ **学习重点**：重点掌握居住空间设计的现代简约风格、新中式风格、简欧风格、美式田园与小美风格、地中海风格、日式风格、东南亚风格，以及混搭风格的特征与差异。

◆ **学习难点**：通过实践，能区分出室内装饰采用了什么风格。

任务导入

给学生欣赏几张不同风格的图片，让学生选择出自己最喜欢的图片，并说出自己的理由。

知识导航

现代家居设计不仅要重视居住的功能，还要强调居住者个人的品位和精神追求。随着人们生活水平的提高，审美观念也在不断发生着变化，居住空间设计风格有很多，如中式风格就分为古典中式风格和新中式风格；欧式风格就更多了，包括法式风格、意大利风格、西班牙风格、英式风格、地中海风格、北欧风格等几大流派。目前，国内居住空间设计风格采用比较多的是现代简约风格、新中式风格、简欧风格、美式田园与小美风格、地中海风格、日式风格、东南亚风格及混搭风格。

1.2.1 现代简约风格

现代简约风格源于 20 世纪初期的西方现代主义，它将设计的元素、色彩、照明、原材料简化到最少的程度，但对色彩、材料的质感要求很高。因此，简约的空间设计通常非常含蓄，往往能达到以少胜多、以简胜繁的效果。

简约并不是缺乏设计要素，它是一种更高层次的创作境界。强调功能性设计，线条简约流畅，色彩对比强烈；大量使用钢化玻璃、不锈钢等新型材料作为辅材，给人带来前卫、不受拘束的感觉。室内空间开敞、内外通透，在空间平面设计中追求不受承重墙限制的自由，尽可能不用装饰和取消多余的东西。现代简约风格还需要完美的软装配合，才能显示出"简约结构之美"，如沙发需要靠垫、餐桌需要餐桌布、床需要窗帘和床单陪衬，软装到位是现代简约风格的关键（图 1-2-1~图 1-2-4）。

图 1-2-1　现代简约风格（一）

图 1-2-2　现代简约风格（二）

图 1-2-3　现代简约风格（三）

图 1-2-4　现代简约风格（四）

1.2.2 新中式风格

"形散神聚"是新中式风格（新古典风格）的主要特点。在注重装饰效果的同时，用现代的手法和材质还原古典气质。新中式风格不是纯粹将传统元素堆砌，而是通过对传统文化的认识，将现代元素和传统元素结合在一起，以现代人的审美需求来打造富有传统韵味的事物，这就具备了古典与现代的双重审美需求，完美的结合让人们在享受物质文明的同时得到了精神上的慰藉（图 1-2-5~图 1-2-9）。

中国风的构成主要体现在传统家具（多以明清家具为主）、装饰品及黑、红为主的装饰色彩上。室内多采用对称式的布局方式，格调高雅，造型简朴优美，色彩浓重而成熟。中国传统室内陈设包括字画、匾幅、挂屏、盆景、瓷器、古玩、屏风、博古架等，追求一种修身养性的生活境界。中国传统室内装饰艺术的特点是总体布局对称均衡，端正稳健，而在装饰细节上崇尚自然情趣，花鸟、鱼虫等精雕细琢，富于变化，充分体现出中国传统美学精神。

图 1-2-5　古典中式风格（一）　　图 1-2-6　古典中式风格（二）　　图 1-2-7　古典中式风格（三）

图 1-2-8　新中式风格（一）　　　　图 1-2-9　新中式风格（二）

1.2.3　简欧风格

简欧风格其实是经过改良后的古典欧式主义风格。古典欧式主义风格有着非常丰富的艺术底蕴，开放、创新的设计思想及其尊贵的姿容，一直以来颇受众人喜爱与追求。简欧风格从繁杂到简单、从整体到局部，精雕细琢，镶花刻金都给人一丝不苟的印象。一方面保留了材质、色彩的大致风格，仍然可以很强烈地感受传统的历史痕迹与浑厚的文化底蕴；另一方面摒弃了过于复杂的肌理和装饰，简化了线条。

古典欧式主义风格的底色大多采用白色、淡色为主，家具则是白色或深色都可以，但是要成系列，风格统一。同时，一些布艺的面料和质感很重要，亚麻和帆布的面料是不太合时宜的，丝质面料是会显得比较高贵的（图 1-2-10～图 1-2-14）。

图 1-2-10　古典欧式主义风格（一）　　　　图 1-2-11　古典欧式主义风格（二）

图 1-2-12　简欧风格（一）　　　图 1-2-13　简欧风格（二）　　　图 1-2-14　简欧风格（三）

1.2.4　美式田园与小美风格

美式田园又称为美式乡村风格，属于自然风格的一支，强调"回归自然"，突出生活的舒适和自由。在美学上推崇自然、结合自然，在室内环境中力求表现悠闲、舒畅、自然的田园生活情趣，也常运用天然木、石、藤、竹等材质质朴的纹理。巧于设置室内绿化，特别是在墙面色彩选择上，自然、怀旧、散发着浓郁泥土芬芳的色彩是美式乡村风格的典型特征。美式乡村风格的色彩以自然色调为主，绿色、土褐色最为常见；壁纸多为纯纸浆质地；家具颜色多仿旧漆，式样厚重（图 1-2-15～图 1-2-17）。

小美风格就是美式田园的简洁版（或称缩小版），又称简约美式、现代美式，更适合小户型装饰，不适合美式家具大气感的呈现。在家具和配饰上基本延续了美式风格的特点，单纯、自然，充满个性化，但仍然采用实木家具，减少雕花、弧形等装饰，采用直线、纯色、粗犷的风格（图 1-2-18～图 1-2-23）。

图 1-2-15　美式乡村风格（一）　　图 1-2-16　美式乡村风格（二）　　图 1-2-17　美式乡村风格（三）

图 1-2-18　小美风格（一）　　　图 1-2-19　小美风格（二）　　　图 1-2-20　小美风格（三）

图 1-2-21　小美风格（四）　　图 1-2-22　小美风格（五）　图 1-2-23　小美风格（六）

1.2.5　地中海风格

地中海风格起源于希腊雅典，是西欧文艺复兴之后兴起的一种风格。它在设计上非常注重一些装饰细节上的处理，如中间镂空的玄关、造型特别的灯饰、椅子等。另外，白灰泥墙、连续的拱廊与拱门、陶砖、海蓝色的屋瓦和门窗等也是地中海风格的主要设计元素，蔚蓝色的浪漫情怀，整体给人有海洋的气息，含有一种简单的自然浪漫，这是地中海风格的灵魂。家具的选择上，大多选择一些做旧风格，搭配特色饰品，色调以蓝色、白色、黄色为主色调，整体明亮清新。此风格整体设计感觉温馨、惬意、宁静，适合白天工作十分忙碌的上班族，顶着压力在冷硬的工作环境中拼搏了一天后，让家成为心灵的休憩地（图 1-2-24~图 1-2-27）。

图 1-2-24　地中海风格（一）　　　　　　图 1-2-25　地中海风格（二）

图 1-2-26　地中海风格（三）　　　　　　图 1-2-27　地中海风格（四）

1.2.6　北欧风格

从地域上看，北欧风格是欧式风格的一种，但是北欧风格发源于北欧的"极简主义"思想，以注重功能，强调实用为主旨，风格简约、朴素，与欧洲大陆上的设计风格差别比较大。在20世纪风起云涌的"工业设计"浪潮中，北欧风格的简洁被推到极致。其核心价值之一是"大众应能享受美好且有用之物"。

北欧风格注重人与自然、社会、环境的有机科学的结合，它集中体现了绿色设计、环保设计、可持续发展设计的理念；它显示了对手工艺传统和天然材料的尊重与偏爱；它在形式上更为柔和与有机，因而富有浓厚的人情味；家居风格很大程度体现在家具的设计上，注重功能，简化设计，线条简练；色调上以浅色为主——米色、白色、浅木色等，而材质方面以自然的元素，如木、藤柔软质朴的纱麻布制品等（图1-2-28~图1-2-32）。

图1-2-28　北欧风格（一）　　图1-2-29　北欧风格（二）　　图1-2-30　北欧风格（三）

图1-2-31　北欧风格（四）　　　　　　图1-2-32　北欧风格（五）

1.2.7　日式风格

日式风格又称和式风格，源于中国的唐朝。提起日式风格，人们立即会想到的是"榻榻米"，以及日本人相对跪坐的生活方式。除"榻榻米"外，日式风格的设计中还有"推拉格栅""日式茶桌""日式鲤鱼旗"等，色彩多偏重于原木色，以及竹、藤、麻和其他天然材料颜色，形成朴素的自然风格。日式风格还讲究空间的流动与分隔，流动则为一室，分隔则分为几个功能空间，空间中总能让人静静地思考，禅意无穷（图1-2-33~图1-2-37）。

图 1-2-33 日式风格（一）

图 1-2-34 日式风格（二）

图 1-2-35 日式风格（三）

图 1-2-36 日式风格（四）

图 1-2-37 日式风格（五）

1.2.8 东南亚风格

东南亚风格是一种结合了东南亚民族岛屿特色及精致文化品位的家居设计方式，多适宜喜欢静谧与雅致、奔放与脱俗的装修业主。其最大的特点就是来自热带雨林的自然之美和浓郁的民族特色。取材上以实木为主，主要以柚木（颜色为褐色及深褐色）为主，搭配藤制家具及布衣装饰点缀，常用的饰品有泰国抱枕、砂岩、黄铜、青铜、木梁及窗落等。软装上采用中性色或中色对比色，比较朴实自然。其中，大房子的建议色彩搭配：深色配浅色饰品，以及炫彩窗帘与泰国抱枕；小房子的建议色彩搭配：浅色搭配炫彩软装饰品。虽然搭配风格浓烈是东南亚风格的特点，但是也千万不能过于杂乱，要不然会使居室空间显得过于复杂，反而会显得累赘（图1-2-38~图1-2-45）。

图 1-2-38 东南亚风格（一）

图 1-2-39 东南亚风格（二）

图 1-2-40 东南亚风格（三）

图 1-2-41 东南亚风格（四）

图 1-2-42 东南亚风格（五）

图 1-2-43 东南亚风格（六）

图 1-2-44　东南亚风格（七）　　　　　图 1-2-45　东南亚风格（八）

1.2.9　混搭风格

混搭风格糅合东西方美学精华元素，将古今文化内涵完美地结合于一体，充分利用空间形式与材料，创造出个性化的家居环境。混搭并不是简单地将各种风格的元素放在一起做加法，而是将它们有主有次地组合在一起。混搭得是否成功，关键看是否和谐。最简单的方法是确定家具的主风格，用配饰、家纺等来搭配。中西元素的混搭是主流，其次还有现代与传统的混搭。在同一个空间里，无论是"传统与现代"还是"中西合璧"，都要以一种风格为主，靠局部的设计增添空间的层次（图 1-2-46~图 1-2-49）。

混搭不等于乱搭，和谐统一最首要，讲究形散而神不散的统一！

图 1-2-46　混搭风格（一）　　　　　图 1-2-47　混搭风格（二）

图 1-2-48　混搭风格（三）　　　　　图 1-2-49　混搭风格（四）

任务操作

除任务 1.2 讲述的九种风格外,还有哪些风格并配上代表的图片。

扬帆起航

想一想:思考居住空间设计的现代简约风格、新中式风格、简欧风格、美式田园与小美风格、地中海风格、日式风格、东南亚风格及混搭风格的特征是什么?

练一练:试论述美式乡村风格与小美风格的相同点与不同点。

任务 1.3　居住空间设计程序

◆ **建议学时**:理论课时:4 课时,实训课时:4 课时。
◆ **学习目标**:通过任务 1.3 的学习,使学生掌握居住空间设计的目标、设计的内容和设计的程序,并通过实践了解居住空间设计的全过程。
◆ **学习重点**:重点掌握居住空间的设计程序。
◆ **学习难点**:理解居住空间设计程序的要点,通过实践了解居住空间设计的全过程。

任务导入

测绘教室尺寸,完成教室空间设计,要求设计合理,满足教室的功能要求。

知识导航

1.3.1　居住空间的目标

通过合理的居住空间设计,营造良好的空间环境,提高居住条件,改善物质生活的品质,提升居住者的精神享受。

1.3.2　居住空间的设计内容

(1)功能方面:主要是从功能空间对居室进行划分。考虑因素有居住习惯、使用功能、人体工程学等。同时,了解原建筑的结构,哪些构件在装修的时候可以拆除,哪些是建筑的承重构件绝对不能拆除。对于旧房改造,哪些部位需要加固,哪些地方需要改造,并融入时代"前卫"的家具家电等,尤其是智能设备。例如有些旧房里没有卫生间,新增的卫生间将设在居室的哪个部位最合理,卫生间的给水排水管如何加装等问题都是设计的内容。

（2）风格设计：依据居住者的喜好，并且针对居室的地面、墙面、顶棚、门窗等部分进行风格化艺术处理。居住空间的设计风格参见任务1.2居住空间设计风格。

（3）室内照明：光环境（光源）设计，根据不同的空间采用不同的照明方式，按灯光编排方式有直接照明和间接照明；按布置照度有整体照明、局部照明和混合照明。

（4）隐蔽工程：给水排水系统设计、电气系统设计、空调系统设计、供暖和燃气系统设计、智能家居类设计等。

（5）软装设计：家具、灯具、窗帘、绿植及各种陈设物品、艺术品等都需要设计，合理的搭配布置。

1.3.3 居住空间的设计程序

1. 方案设计阶段

第一步：沟通。要与业主多沟通，详细了解业主的家庭成员情况、个人生活习惯与爱好、设计风格、预计资金额度、具体的使用功能及必要项目等便于设计制订最优方案。

第二步：实地测量（图1-3-1、图1-3-2）。无论是否有建筑施工平面图，都必须要到现场进行测量，确定整个住宅居室的结构，了解建筑结构后才能合理地根据原有结构特点进行空间设计：包括每个空间的开间、进深、层高、窗的位置、窗高、窗台高、梁的位置、梁高、马桶下水位置、排水管的位置，以及强电弱电、自然水、天然气的入口位置等都要标注清楚，便于日后设计。

第三步：设计方案（图1-3-3～图1-3-10）。通过将业主的意向和住宅现场情况综合分析，就能得到初步的设计定位，并勾画出初步的平面布置图及空间效果草图。假如设计师的手绘功底足够优秀，业主满意当场就能签单，而用3DMax去展示效果需要足够的时间去绘制。

第四步：洽谈。根据初步的平面方案约谈业主，向业主介绍设计思路和意图。假如业主满意，这时就可以签订合同或协议。假如业主提出修改意见，那就要重新修改设计方案，并再次约谈业主。

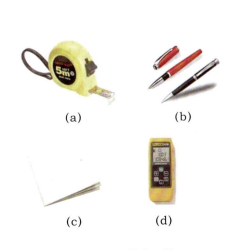

图1-3-1　量房工具

(a) 5m钢卷尺；(b) 色笔；(c) 白纸；(d) 激光测距仪

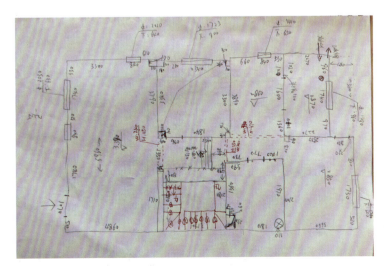

图1-3-2　绘制量房图

图1-3-3 设计方案表现图

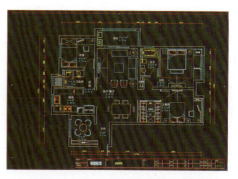

图1-3-4 CAD平面设计方案

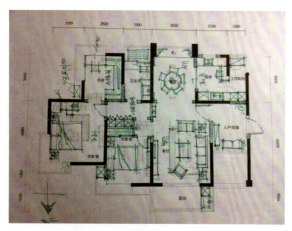

图1-3-5 手绘平面设计方案（一）

图1-3-6 手绘平面设计方案（二）

图1-3-7 平面彩图方案

图1-3-8 手绘效果图

图1-3-9 3DMax效果图展示

图1-3-10 SketchUp效果图展示

2. 施工图设计阶段

根据平面设计方案，绘制施工图。施工图一般包括原始结构图、平面布置图、拆墙图、砌墙图、地面布置图、顶面布置图、顶面尺寸图、开关布置图、插座布置图、给（热）水图、各个空间的立面图、大样图等。另外，还需编制施工说明、制作效果图和造价预算（图 1-3-11~ 图 1-3-15）。

图 1-3-11　家居装饰施工图

图 1-3-12　效果图（一）

图 1-3-13　效果图（二）

图 1-3-14　效果图（三）

图 1-3-15　预算造价单

图 1-3-16 软装配饰（一）

图 1-3-17 软装配饰（二）

图 1-3-18 实景与效果图对比

3. 施工阶段

施工阶段设计师主要有两个任务：一是"交底"：施工前设计师应向施工人员、业主进行设计意图说明及图纸的技术交底；二是"协调"：家居装饰施工涉及的工种很多，再细致的设计总会出现一些误差和瑕疵。这时候，需要设计师到现场勘察，协调业主及施工队，提出新的变更设计。另外，在施工期间，设计师也应定期到施工现场监督施工情况。

4. 效果展示阶段

效果展示阶段（图 1-3-16~ 图 1-3-18）主要就是家具配色、软装搭配、艺术陈设等，使家居空间的效果达到预期的效果！

◉ 任务操作

分小组模拟装饰公司、业主角色等，实践完成某空间的设计。要求设计合理，功能完整。

◉ 扬帆起航

想一想：作为一名设计师，你在对空间进行设计时，需要完成哪些工作？

练一练：学生根据自己居住的空间，进行手绘设计。风格自定，满足自己的喜好。

任务1.4 居住空间设计创意方法

- ◆ 建议学时：理论课时：4课时，实训课时：4课时。
- ◆ 学习目标：通过任务1.4的学习，使学生对居住空间设计产生创新意识，并了解设计创意的方法。
- ◆ 学习重点：重点掌握小户型的居住空间创意方法。
- ◆ 学习难点：通过实践，使学生对居住空间进行设计时会有创新的意识。

任务导入

根据提供的小户型图纸，手绘设计，要求设计合理，功能齐全，满足居住要求。

知识导航

家居设计其实就是个性化的艺术创造，其中设计创意是整个设计活动的起点、核心和精髓。人们在设计实践中,在文化价值观、审美观、社会观、技术观及设计表现上,往往出现"思维定式",许多早已成为习惯性的设计思维、设计概念,表现出来的效果,却具有"反自然"的倾向,或者有盲目的媚俗倾向,成了一种消极思维。所以,创造性思维要摆脱盲目性、功利主义、形式主义等各种思维定式,居住空间设计创意,是异常复杂的思维活动。作为一个有思想的设计师,必须要对设计过程的逻辑思维、形象思维和灵感思维等规律有所了解,并能灵活地运用创意原理和思维方法去组织设计。解决在设计中诸多复杂的自然因素、文化因素、空间因素等问题,解析出新的意象、新的形式语言、新的结构特征,从而使设计具有独特的内涵,闪现个性的魅力,创造出独具匠心的作品。

1.4.1 小户型的居住空间创意方法

在目前高房价的背景下,一些性价比高的小户型越来越受到青睐。因此,如何通过设计提高生活空间的利用率,为人们提供更加合理和舒适的居住空间将越来越多得到重视与挑战。

1. 色调篇

色彩是打造小户型不可缺少的元素,浅色系可以有效地拓展居室空间。如果想与众不同,突出主人的个性,可以运用局部重彩的方法加以修饰。

对于小户型来说,选择一款中性或浅色地板是最好的选择,切不可铺满有图案的地毯。中性色与浅色的色彩因有扩散性和后退性,能延伸空间,让空间看起来更大,使居室给人以清新开朗、明亮宽敞的感受。

如图 1-4-1 所示,运用浅中色延伸空间。地板采用曲柳明晰的纹理及三拼色差,配以浅灰白色,色泽柔和,花色干净纯洁,纹理雅致,给人宁静、缥缈、优雅之感,特别适合喜欢整洁明亮居室风格的居住者。

如图 1-4-2 所示,浅色从色彩上来说很适合小户型,同时,在门上加一点简单的装饰,虽然较少但却十分有效,增加了居室的舒适比例,透出明亮的灵性,同时,也可以在一定程度上突出主人的个性。

小户型色彩技巧:

(1)注意阳光朝向:缺乏阳光的朝东、朝北房间应多用明亮的浅色。日照长的朝南、朝西房间应该用冷色。

(2)上浅下重:浅色感觉轻,深色感觉重。房间颜色应上浅下深过渡渐变。不妨将屋顶和墙壁刷成白色、米黄等浅色系,墙裙加深一些,家具颜色可以深一些。这样给人感觉十分稳定、和谐。

2. 采光篇

(1)运用采光来扩大视野,窗户尽可能与外墙齐平,加大窗户的尺寸或向外扩散的窗户都能起到放大室内空间的效果。

(2)避免采用长而多褶的落地窗帘,这样只会让房间显得拥挤、拖沓。窗帘的大小应与窗户大小一致,利落、清爽,在色彩上应以淡色为主。

(3)适量安装射灯或灯带,使灯光自下而上柔和的照射在房间的顶上。避免灯光直接投射在人脸上,否则会使人有刺眼的感觉,产生空间局促感和压抑感。

(4)在入门对面的墙壁上挂上一面大镜子,这样可以映射出全屋的景象,似乎使客厅扩大了一倍,或在狭长的房间两侧安装上艺术玻璃,也可达到类似的效果,采光也

图 1-4-1 浅中色延伸空间

图 1-4-2 简约纯色

图 1-4-3 大镜子的效果

会好,如图 1-4-3 所示。但切忌一个房间内放置超过两块以上的大镜子,禁忌形状、面积相似的两块镜子相对,这些都会让人产生不舒服的感觉。

如图 1-4-4 所示,拉长式吊灯在提供光源之余,还和高脚餐椅相融相谐,共同起着挑高空间视觉效果的功效。再如图 1-4-5 所示,不仅用通透玻璃取代传统的墙体,还采用玻璃门设计,凸显空间的宽敞明亮,视野上的一览无余,光感厨房应景而出。这些都值得大家借鉴学习。

3. 造型篇

对小户型而言,在原本狭小的空间里放置高大的家具物品会使房间显得更小,摆放造型简单、小巧的家具是最基本的节约空间的办法。同时,要在有限的空间内达到更多延伸的感觉,家居产品的比例、造型都要达到这样的效果,尤其是那些可随意组合、拆装、收纳的家具,或选用占地面积小、比较高的家具,既可以容纳大量物品,又不浪费空间。这也体现了小户型居室放置家具的一大特色,就是向纵向发展。如选择高脚的床具,这样,可将床面抬高,不知不觉就增加了床面以下的可利用空间(图 1-4-6、图 1-4-7)。

图 1-4-4 挑高空间视觉效果

(1)造型简单、体量小巧的家具,尤其是那些可随意组合、拆装、收纳的家具。

(2)质感轻的家居产品,如玻璃类家具和竹藤类家具。

(3)含有曲线造型的家居产品会给人一种动感,使室内空间显得活泼。在一个平凡无奇的居室中点缀一两件造型活泼、色彩艳丽的曲线家具,会让房间充满生趣。

(4)它们身材小巧不会占用过多居室空间,但最重要的是,它们的功能绝对不会因为身材小巧而打折扣。

图 1-4-5 通透玻璃设计

图 1-4-6 可随意组合、拆装、收纳的家具(一)

图 1-4-7 可随意组合、拆装、收纳的家具(二)

图 1-4-8 滑轨移动隔断(一)

图 1-4-9 滑轨移动隔断(二)

4. 空间篇

细化分工巧容纳。小户型的居室，对于性质类似的活动空间可进行统一布置，对性质不同或相反的活动空间进行分离，如会客区、用餐区等都是人比较多、热闹的活动区，可以布置在同一空间，如客厅内；而睡眠、学习则需要相对安静，可以纳入同一空间。因此，会客、进餐与睡眠、学习就应该在空间上有硬性或软性的分隔。

如果房间小，又希望有自己的独立空间，那么在居室中采用隔屏、滑轨拉门或采用可移动家具来取代原有的密闭隔断墙，使墙变成活的，同时使整体空间具有通透感（图1-4-8、图1-4-9）。

1.4.2 小户型空间创意设计要诀

（1）为保证小户型住宅能够有多种使用方式，能够允许多种装饰风格，在房间分割时不以分割得太细。

（2）如果必须要设置隔墙，则应尽量保持空间的完整性，努力做到隔而不断，例如，可以设置活体墙来充当墙隔，常见的有滑轨拉门、可移动书架等。

◉ 任务操作

对同一户型进行多种不同的创意设计，比较哪种最优？

◉ 扬帆起航

想一想：除任务1.4讲述的几种创意方法外，你还能想到哪些方法？

练一练：根据提供的平面图（图1-4-10），进行不同的方案设计，以手绘方案图的形式表现。

要求：（1）完成三种以上的平面布置图；

（2）选择一种方案完成彩色手绘效果图表现，并标注材料和主要尺寸。

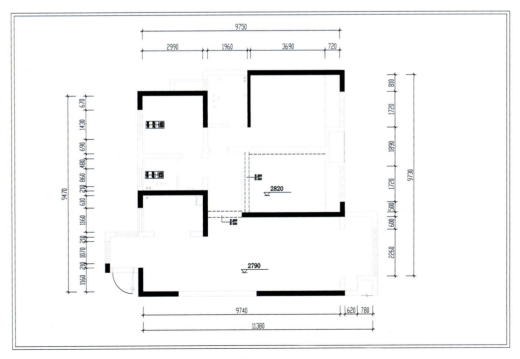

图1-4-10

PROJECT TWO

项目 2　居住空间设计要素

项目介绍

居住空间设计要素按内容可分为居住空间的类型、居住空间与人体工程学、居住空间处理方式与分隔形式、居住空间界面设计、居住空间色彩与材质设计、居住空间采光与照明设计、居住空间家具与陈设设计和居住空间与环境心理学八个方面。本项目结合实例总结了各设计要素的关系与运用的几条原则，论述了居住空间设计中应该以人为前提，从理性的因素入手。要求学生了解并掌握居住空间设计中住户的心理、生理、视觉需求，体验设计中人的情感需求。引导学生了解设计师应如何通过室内空间处理手法、材料、色彩、灯光、陈设等方面做出以人为本的设计，真正落实人性化的设计，体现人文关怀和"以人为本"的设计理念。

居住空间设计要素

任务2.1　居住空间的类型

◆ **建议学时**：理论课时：2课时，实训课时：6课时。

◆ **学习目标**：通过本任务的学习，认识和熟悉各种居住空间类型，了解不同类型居住空间的特点。把握居住空间类型的优缺点，从而掌握不同类型居住空间的设计要点。

◆ **学习重点**：重点掌握各种居住空间的功能特征。

◆ **学习难点**：理解各种居住空间的设计要点，通过实践掌握各种居住空间的设计方法和步骤。

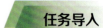

展示不同类型的居住空间的图例，引导学生为不同的居住空间进行分类。

> 知识导航

空间类型或类别可以根据不同空间构成所具有的性质特点来加以区分，以利于在设计组织空间时进行选择并运用。常见的室内空间类型有以下几种。

1. 固定空间和可变空间

（1）凡是使用功能明确，位置固定，相对独立，长久不变的空间称为固定空间。固定空间的特征是由若干个固定不变的界面围隔而成的，具有明显的识别标志。其常是一种经过深思熟虑的、功能明确、位置固定的空间，一般用固定不变的界面围隔而成，如厨房、卫生间等（图2-1-1、图2-1-2）。

（2）可变空间则与固定空间相反，没有固定不变的分隔界面。可变空间为了能适应不同使用功能的需要而需随时改变其空间形式，因此，常采用灵活可变的分隔方式，如折叠门、可开可闭的隔断、活动墙面等（图2-1-3、图2-1-4）。

图2-1-1　固定空间（一）

图2-1-2　固定空间（二）

图2-1-3　客厅隔断

图2-1-4　餐厅活动墙

2. 静态空间和动态空间

（1）静态空间一般来说形式比较稳定，常采用对称式或垂直水平界面围隔，空间比较封闭，限定性强，构成比较单一，视觉常被引导在一个方位或落在一个点上，空间常表现得非常清晰，一目了然（图2-1-5、图2-1-6）。

图 2-1-5 静态餐厅（一）　　　　图 2-1-6 静态餐厅（二）

（2）动态空间或称为流动空间，往往具有空间的开敞性和视觉的导向性的特点。界面（特别是曲面）组织具有连续性和节奏性，空间构成形式富于变化，常使视线从这一点转向那一点，视线转换平和。动态空间的运动感既存在于塑造空间形象的运动性之上，如斜线、连续曲线等；又存在于组织空间的节律性之中，如锯齿形式或不规律的重复，使视觉始终处于不停的流动状态（图 2-1-7、图 2-1-8）。

图 2-1-7 动感楼梯　　　　图 2-1-8 动感天花板设计

3. 开敞空间和封闭空间

开敞空间与封闭空间是相对而言的，仅有程度上的区别，如介于两者之间的半开敞和半封闭空间，它完全取决于房间的适用性质和用网环境的关系，以及视觉和心理上的需要。开敞空间是外向性的，限定度和私密性较小，强调与周围环境的交流、渗透，讲究对景、借景、与大自然或周围空间的融合。与同样面积的封闭空间相比，开敞空间要显得大些，心理效果表现为开朗、活跃，性格是接纳性的。开敞空间经常作为室内外的过渡空间，有一定的流动性和趣味性，设计形式多样。封闭空间的性格是内向性的、拒绝性的，具有很强的领域性、安全性和私密性，与周围环境的流动性级差。封闭空间常见于卧室和书房，是一种私密性要求较高的空间形式（图 2-1-9、图 2-1-10）。

图 2-1-9　开敞空间　　　　　　　　　　　图 2-1-10　封闭空间

4. 模糊空间和共享空间

（1）在室内空间中，凡无可名状的空间，通常称为模糊空间。模糊空间常常是介于两种不同类别的空间之间，如室内与室外之间，开敞空间与封闭空间之间，具有过渡和引导的功能（图 2-1-11、图 2-1-12）。

（2）共享空间，又称为"波特曼"空间。简单地说，就是一种"人看人"的空间。共享空间的产生是为了适应各种频繁的社交和丰富多彩的休闲生活的需要，是一种综合性、多用途的灵活空间。如宾馆或商场的大厅，空间大中有小、小中见大，内外相互穿插、渗透。大厅内引入光线，将自然景物、水景、音乐等都置入室内使室内环境室外化，再加上人的参与，使空间极富动感，真正体现空间"共享"的特性（图 2-1-13、图 2-1-14）。

图 2-1-11　模糊空间（一）　　　　　　　图 2-1-12　模糊空间（二）

图 2-1-13　共享空间（一）　　　　　　　图 2-1-14　共享空间（二）

5. 虚拟空间和虚幻空间

（1）虚拟空间是指在已界定的空间内，通过界面的局部变化而再次限定的空间。由于缺乏较强的限定度，仅是依靠联想或"视觉实形"来划分空间，所以也称为"心理空间"。例如，局部升高或降低地坪、天棚，或以不同材质、色彩的平面变化来限定空间（图 2-1-15、图 2-1-16）。

（2）虚幻空间是用室内镜面反射的虚假，将人们的视线带到镜面背后的虚幻空间中，于是产生空间扩大的视觉效果。有时，还可利用几块镜面的折射，将原来平面的物体映射成立体空间的幻觉。因此，室内特别狭小的空间，常利用镜面来扩大空间感，并通过镜面的幻觉装饰或丰富室内景观。除镜面玻璃外，有时也用有一定景深的大幅画面，将人们的视线引向远方，造成空间深远的意象（图 2-1-17）。

图 2-1-15　虚拟空间（一）

图 2-1-16　虚拟空间（二）

图 2-1-17　前卫虚幻风

● 任务操作

学生按小组讨论，每小组组员轮流上台阐述，表达对居住空间的认识程度。

● 扬帆起航

想一想：（1）按组研讨各种居住空间的特点。

（2）收集整理不同空间的相关资料。

项目 2　居住空间设计要素　025

练一练：根据教师提供单元式居住空间的平面图（图2-1-18），每组进行不同的平面设计，以手绘方案图的形式表现。

要求：（1）完成该居住空间的平面布置图。

（2）使用黑色针管笔，分线型加彩色铅笔淡彩效果；以1∶50的比例绘制在A3图纸内；标注材料和主要尺寸。

（3）完成单元居住空间手绘效果图。

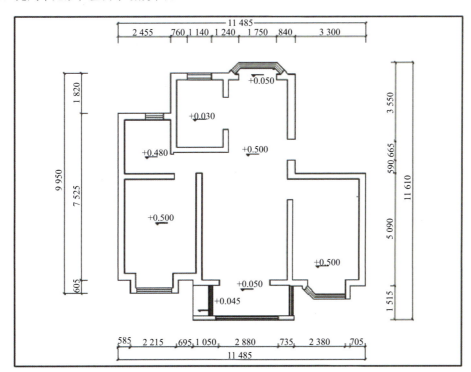

图 2-1-18　居住空间平面图

任务2.2　居住空间与人体工程学

◆ **建议学时**：理论课时：2课时，实训课时：6课时。

◆ **学习目标**：通过本任务的学习，要求学生掌握和设计有关的人的生理与心理的特点，能够将所学理论应用于实践，从人体工程学角度实践人性化设计方法。要求学生掌握相关数据的查阅与应用原则方法，结合具体案例熟练应用。

◆ **学习重点**：将人体工程学的概念渗透到设计中，使学生能够在设计活动中不仅考虑到美学因素，还能够将人的生理、心理特征应用于设计中。

◆ **学习难点**：能够将设计任务与人体参数相结合，寻找自己方案中不合理的地方，并做出修改，得出既有美感又理性的作品。

任务导入

用居室空间设计中门的尺寸、围栏的尺寸等引导课题——室内外家居、摆设等设计与放置，都必须依据人体尺寸的要求。

知识导航

2.2.1 居住空间设计的依据——人体工程学

人体工程学是确定人与人之间在室内活动所需空间的主要依据。根据人体工程学中的有关计测数据，从人的尺度、动作域、心理空间及人际交往的空间等来确定空间的范围。

（1）确定家具、设施的形体、尺度及其使用范围的主要依据。家具设施为人所使用，因此，它们的形体、尺度必须以人体尺度为主要依据；同时，人们为了使用这些家具设施，其周围必须留有活动和使用的最小余地，这些要求都由人体工程科学地予以解决。

（2）提供适应人体的室内物理环境的最佳参数。室内物理环境主要有室内热环境、声环境、光环境、重力环境、辐射环境等。有了上述要求的科学的参数后，在室内设计时就有可能有正确的决策。

（3）对视觉要素的计测为室内视觉环境设计提供科学依据。视力、视野、光觉是视觉的要素，人体工程学通过计测得到的数据，为室内光照设计、室内色彩设计、视觉最佳区域等提供了科学的依据。

2.2.2 居住内含物的尺寸

（1）起居室：起居室的家具主要有沙发、茶几、电视柜等，次要的有一些装饰性的家具及设备、陈设等。

1）沙发。起居室沙发等座椅多为软体类家具，其尺寸总长：单人800~1 100 mm，双人1 300~1 700 mm，三人1 800~2 200 mm；总宽：800~1 000 mm；总高：800~1 200 mm，其中座高350~400 mm。

起居室空间中人体基本活动尺度示意，如图2-2-1所示。

2）茶几。茶几高度为450~600 mm，茶几的平面形状及长、宽尺寸可任意确定。

3）电视柜。电视柜的长度可根据电视尺寸或背景墙形式来确定。宽度为550~600 mm，高度应根据保证屏幕中心位于自然视线附近，高度为300~600 mm。

4）人眼至电视屏幕距离。此距离通常应不小于屏幕尺寸5倍的距离，最小不小于2.5 m。

（2）厨房：主要有案台和吊柜及燃气灶、排烟机、水槽、冰箱等。厨房家具可以是固定的，也可以是活动的，如图2-2-2所示。

1）案台。长度可根据实际情况而定；宽度为500~600 mm；高度为780~800 mm。

2）吊柜。长度可任意选定；宽度一般不小于300 mm，但应小于案台宽度；高度可根据室高而定。吊柜安装高度应大于1 400 mm。

项目 2　居住空间设计要素　027

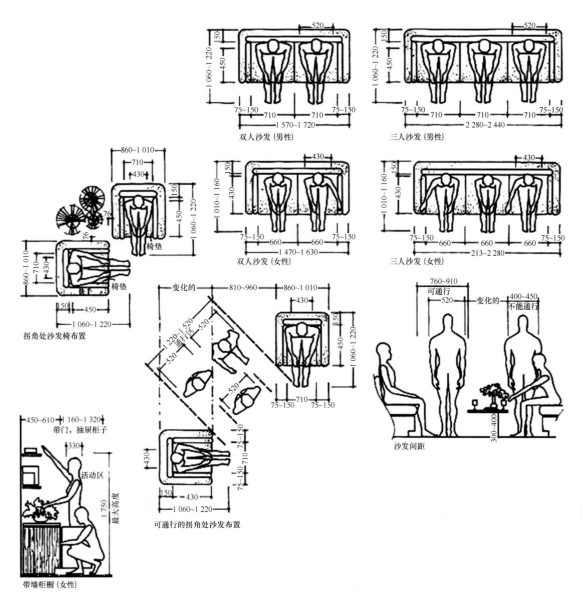

图 2-2-1　起居室尺度

3）通道及操作区。单人操作大于 900 mm；双人操作应大于 1 100 mm。

（3）餐厅：餐厅是家庭进餐的主要场所，也是宴请亲友的活动空间，主要有餐桌、餐椅，还应有酒柜、吊柜、冰箱等，如图 2-2-3 所示。

1）餐桌。餐桌高度：720~780 mm；圆桌直径：两人 500 mm、800 mm，四人 900 mm，五人 1 100 mm，六人 1 100~1 250 mm，八人 1 300 mm，十人 1 500 mm，十二人 1 800 mm；方餐桌尺寸：两人 700 mm × 850 mm，四人 1 350 mm × 850 mm，八人 2 250 mm × 850 mm。

2）餐椅。一般是无扶手的靠背椅，餐椅高度为 450~500 mm。

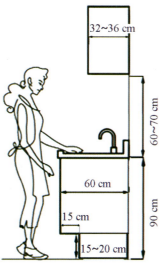

图 2-2-2　厨房尺度

3）酒柜。长度可根据具体设计而定；宽度以 250~300 mm 为宜；高度一般不超过 2 000 mm，其上部可做吊柜。

4）餐厅通向厨房或阳台等，应留有合适的通道，宽度一般为 750~900 mm，最小为 550 mm。

（4）卫生间。合理地布置"三大件"即洗手盆、蹲（坐）便器、淋浴间。楼房通常都已安排"三大件"的位置，各种的排污管也是相应安置好的，一般不要轻易改动"三大件"的位置，如图 2-2-4 所示。

1）淋浴房：一般宽度为 900 mm×900 mm，高度为 2 000 mm。

2）抽水马桶：高度为 680 mm，宽度为 380~480 mm，进深为 680~720 mm。

3）浴缸：长度一般有 1 220 mm、1 520 mm、1 680 mm 三种。宽度为 720 mm，高度为 450 mm。

4）坐便器：750 mm×350 mm。

5）盥洗台：宽度为 550~650 mm，高度为 800~850 mm，盥洗台与浴缸之间应留约 750 mm 宽的通道。

6）淋浴器：高度为 2 100 mm。

7）冲洗器：690 mm×350 mm。

8）化妆台：长度为 1 350 mm，宽度为 450 mm。

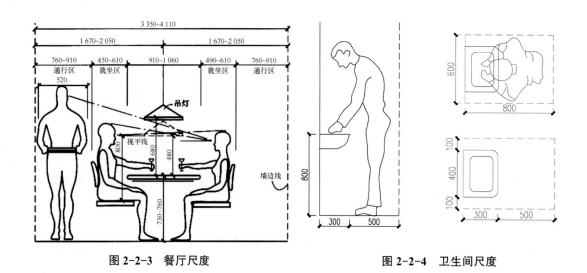

图 2-2-3　餐厅尺度　　　　图 2-2-4　卫生间尺度

（5）卧室。

1）衣橱：深度一般为 600~650 mm，推拉门宽度为 700 mm，衣橱门宽度为 400~650 mm。

2）矮柜：深度为 350~450 mm，柜门宽度为 300~600 mm。

3）单人床：宽度一般有 900 mm、1 050 mm、1 200 mm；长度一般有 1 800 mm、1 860 mm、2 000 mm、2 100 mm。

4）双人床：宽度一般有 1 350 mm、1 500 mm、1 800 mm；长度一般有 1 800 mm、1 860 mm、2 000 mm、2 100 mm。

5）圆床：直径一般有 1 860 mm、2 125 mm、2 424 mm（常用）。

6）床头柜：500 mm。

7）窗帘盒：高度为 120~180 mm。深度：单层布 120 mm；双层布 160~180 mm。

床的尺度如图 2-2-5 所示。

（6）书房。

1）书桌。

①固定式书桌：深度为 450~700 mm（600 mm 最佳），高度为 750 mm。

②活动式书桌：深度为 650~800 mm，高度为 750~780 mm。

书桌下缘距离地面至少 58 mm；长度：最少 900 mm（1 500~1 800 mm 最佳）。

2）书架：深度为 250~400 mm（每一格），长度为 600~1 200 mm；下大上小型，下方深度为 350~450 mm，高度为 800~900 mm。

3）书柜：高度为 1 800 mm，宽度为 1 200~1 500 mm；深度为 450~500 mm，书桌的尺度如图 2-2-6 所示。

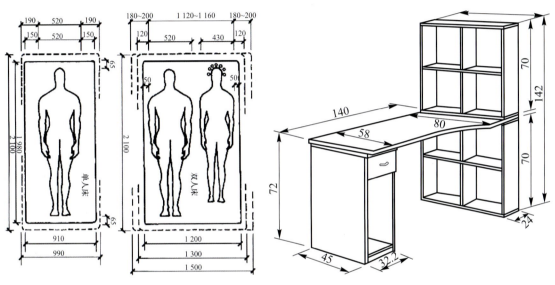

图 2-2-5　床的尺度　　　　　　　图 2-2-6　书桌的尺度

（7）门。

1）在居室中门的高度一般为 2 000 mm。

2）通往室外的大门宽度一般为 900 mm，房门宽度一般为 800 mm，对单人通行的门，宽度必须大于 650 mm。

3）把手高度要设置在易于操作、操作力最大的位置，一般为 900 mm 左右，门较重时略高于此数值。

4）定制的推拉门，宽度一般为 750~1 500 mm，高度为 1 900~2 400 mm。

任务操作

全班同学按 2 人一组分成若干个小组，互相为对方测量出各自的身高、肩宽、臀高、坐高等身体尺寸，在黑板上统计出范围，与给出的国标尺寸进行对比和讨论。

扬帆起航

想一想：在平时生活与学习中，还有哪些地方用到了人体工程学？

练一练：按照居住空间中客厅、卧室、厨房、卫生间中的家具的尺寸要求，修改第一次作业中的图纸，并标注尺寸。

任务2.3　居住空间处理方式与分隔形式

- **建议学时**：理论课时：2课时，实训课时：6课时。
- **学习目标**：在了解空间功能的基础上结合空间的内部处理形式进行实际应用。
- **学习重点**：理解功能对空间的重要作用。
- **学习难点**：空间的处理形式。

任务导入

通过讲述及图片的观摩，让学生对内部空间的处理形式有所理解与领悟。

知识导航

2.3.1　居住空间的处理

居住空间包括基础空间（如外卫生间、过道、玄关、储藏室、阳台）、公共空间（如客厅、餐厅、休闲室）、私密空间（如卧室、书房、内卫生间）、家务空间（如厨房、洗衣房等）。由于人们活动空间的复杂性，上述空间并不是固定不变的，有时候可以灵活改变，如洗衣房和阳台，在空间充足的情况下可以分开，但当空间比较紧张时，可以两种空间合二为一。很多空间可以多功能使用，如书房，当主人是用来读书、学习时，它就是一个私密空间；但当主人在书房里会客、谈论事情，那么这里就成了公共空间。一个好的居住设计，必须要有一个合理的空间布局，这是室内设计的基础。

2.3.2　居住空间的处理方式

居住空间的处理内容非常丰富，重点从居住空间经常遇到的一些问题来讲述空间的处理方法。

1. 空间的合理利用

在目前房价过高的情况下，每一寸空间都比较珍贵，如何有效地利用并节省空间就显得尤其重要，合理利用空间的方法有很多：根据空间的使用频率来划分空间比例，将一些不常用的空间与其他空间结合；合理规划室内空间的活动路线，尽量避免线路重合与浪费；增加室内家具的多功能性，从而增强室内空间的多功能性；消除狭长通道或是增加通道空间的运用；合理调整门的位置及开启方向，增加空间的利用率等。

2. 室内空间的扩展

空间的大小并不是完全取决于面积，通过一些恰当的设计手法可以适当增加小空间的开阔感。室内空间扩展就是指在限定的空间里，通过设计手段使其加大和拓展。随着现在小户型需求与数量的增多，空间的扩展成了设计师必须掌握的设计技巧。每个人都希望自己所处的居住空间宽大、明畅，那么，如何才能使空间显得比实际尺寸大呢？这里有几种比较常用的方法供设计师参考：

（1）墙与天花板颜色相同，不做踢脚板，安放向上打光的灯，将窗帘做得比窗户高，都可以达到天花板增高的效果。

（2）利用视觉的错觉扩展空间。在两个面积相同的空间里，一般横线的面积显得高，竖线的面积显得宽，这就是人的视觉的错觉。人们可以利用这个错觉使矮的空间显得高些，狭窄的空间显得宽些。

（3）利用明暗关系扩展空间。相同面积的两个空间，亮色显得宽大，暗色显得狭小。亮色显轻，暗色显重。因此，人们可以通过对室内几个界面进行明暗对比来扩展空间或提升空间的高度。室内空间因顶棚显轻而下降，四壁空间得到扩展，整体面积显得较大；室内空间因顶棚显轻而上升，地面显重下降而显得较高，高度得到扩展。

（4）利用色彩扩展空间。不同的色彩属性可以形成不同的空间感，红色、橙色等暖色具有前进感，可以使空间显得狭小；蓝色、绿色等冷色具有后退感，可以使空间显得宽大。

还可以利用色彩的布局，使原有的面与面之间的界限不那么明显，消除了原有界面死板的视觉和心理感受，达到扩展心理空间的目的。

（5）利用镜面、玻璃等增加空间穿透性和延伸空间。镜面装饰可以用镜面中的虚拟空间来扩展实体空间。当将其中一面墙换成镜面，整体房间面积感立刻扩大一倍，但是镜面装饰利用起来要谨慎，如果运用得当可以扩展空间增加房间趣味性，但不可使用过多，否则会让人眼花缭乱、心神不宁，反而使空间缩小。

（6）利用合理充足的储藏空间。合理利用储藏空间，可以使杂乱的物品得到有序的存放，即使人们的日常生活用品有了固定的存放之处，用起来方便顺手，也可以使空间看起来整洁、开阔，从而达到扩展空间的效果。

（7）利用瞬间心理对比扩展空间。在设计门厅和过道的吊顶时，人们通常可以适当地调低一些，使人们由过道进入客厅后有一种豁然开朗的感觉，产生一种瞬间的心理对比，通过这种强烈的对比，使原来的空间得到一种心理上的扩展。

虽然大部分空间人们想达到宽敞开阔的视觉效果，但在居住空间中，为了让空间感到温馨，有时需要调节过于高大的空间，如可以将墙面的上部涂抹成与顶部相同的深色或用悬空的线性构架吊顶，以及用大尺度的图案装饰空间等方法来调节。

2.3.3 居住空间的分隔形式

空间处理是居住空间设计中要求对空间质、形、色的协调统一，尤其是对居住空间的营造产生重要影响的因素，如布局、构图、意境、风格等。室内空间设计是反映人类物质生活和精神生活的一面镜子，是生活创造的舞台。人的本质趋向于有选择地对待现实，并按照自己的思想、愿望来加以改造和调整。现实空间环境总是不能满足他们的需求，不同时代的生活方式，对室内空间提出了不同的要求。现代室内空间设计就是运用艺术和技术的手段，依据人们生理和心理要求的室内空间环境。它是为了人们室内生活的需要而去创造、组织理想生活时空的室内科技设计。室内空间的分隔可以按照功能需求做种种处理，随着应用物质的多样化、立体的、平面的、相互穿插的、上下交叉的，加上采光、照明的光影、明暗、虚实、陈设的简繁及空间曲折、大小、高低和艺术造型等种种手法，都能产生形态繁多的空间分隔。

（1）封闭式分隔——采用封闭式分隔的目的是对声音、视线、温度等进行隔离，形成独立的空间。这样相邻空间之间互不干扰，具有较好的私密性，但是流动性较差。一般利用现有的承重墙或现有的轻质隔墙隔离。多用于卡拉 ok 包厢、餐厅包厢及居住性建筑（图 2-3-1）。

图 2-3-1　封闭式分隔

（2）半开放式分隔——空间以隔屏，透空式的高柜、矮柜、不到顶的矮墙或透空式的墙面来分隔空间，其视线可相互透视，强调与相邻空间之间的连续性与流动性（图 2-3-2、图 2-3-3）。

图 2-3-2　半开放式分隔（一）

图 2-3-3　半开放式分隔（二）

图 2-3-4　象征式分隔（一）

图 2-3-5　象征式分隔（二）

（3）象征式分隔——空间以建筑物的梁柱、材质、色彩、绿化植物或地坪的高低差等来区分。其空间的分隔性不明确、视线上没有有形物的阻隔，但透过象征性的区隔，在心理层面上仍是区隔的两个空间（图 2-3-4、图 2-3-5）。

（4）弹性分隔——有时两个空间之间的分隔方式居于开放式隔间或半开放式隔间

之间，但在有特定目的时可利用暗拉门、拉门、活动帘、叠拉帘等方式分隔两个空间。例如卧室兼起居或儿童游戏空间，当有访客时将卧室门关闭，可成为一个独立而又具有隐私性的空间（图2-3-6、图2-3-7）。

图2-3-6　弹性分隔（一）　　　　　　　　　图2-3-7　弹性分隔（二）

（5）局部分隔——采用局部分隔的目的是减少视线上的相互干扰，对于声音、温度等设有分隔。局部分隔的方法是利用高于视线的屏风、家具或隔断等。这种分隔的强弱由于分隔体的大小、形状、材质等方面的不同而不同。局部划分的形势有四种，即一字形垂直划分、L形垂直划分、U形垂直划分、平行垂直面划分等。局部分隔多用于大空间内划分小空间的情况（图2-3-8、图2-3-9）。

图2-3-8　局部分隔（一）　　　　　　　　　图2-3-9　局部分隔（二）

（6）列柱分隔——柱子的设置是出于结构的需要，但有时也用柱子来分隔空间，丰富空间的层次与变化。柱距越近，柱身越细，分隔感越强。在大空间中设置列柱，通常有两种类型：一种是设置单排列柱，将空间一分为二；另一种是设置双排列柱，将空间一分为三。一般是使列柱偏于一侧，使主体空间更加突出，而且有利于功能的实现，设置双列柱时，会出现三种可能：一是将空间分成三部分；二是会使边跨大而中跨小；三是会使边跨小而中跨大。其中第三种方法是普遍采用的，它可以使主次分明，空间完整性较好（图2-3-10、图2-3-11）。

（7）利用基面或顶面的高差变化分隔——利用高差变化分隔空间的形式限定性较弱，只靠部分形体的变化来给人以启示、联想划定空间。空间的形状装饰简单，却可获得较为理想的空间感。常用方法有两种：一是将室内地面局部提高；二是将室内地面局部降低。这两种方法在限定空间的效果上相同，但前者在效果上具有发散的弱点，一般不适用内聚性的活动空间，在居室内较少使用；后者内聚性较好，但在一般空间内不允许局部过多降低，较少采用。顶面高度的变化方式较多，可以使整个空间的高度增高或降低，也可以是在同一空间内通过看台、排台、悬板等方式将空间划分为上下两个空间层次，既可扩大实际空间领域，又丰富了室内空间的造型效果。其分隔方法多用于公共空间环境（图2-3-12、图2-3-13）。

图2-3-10　列柱分隔（一）　　　图2-3-11　列柱分隔（二）　　　图2-3-12　利用地板分割　　　图2-3-13　利用天花板分割

（8）利用建筑小品、灯具、软隔断分隔——通过喷泉、水池、花架等建筑小品对室内空间划分，不但保持了大空间的特性，而且这种方式既能活跃气氛，又能起到分隔空间的作用。利用灯具对空间进行划分，通过挂吊式灯具或其他灯具的适当排列并布置相应的光照。所谓的软隔断就是为珠帘及特制的折叠连接帘，多用于住宅类、水面、工作室等起居室之间的分隔（图2-3-14、图2-3-15）。

图2-3-14　小品分隔　　　　　　　　　　图2-3-15　沙发分隔

任务操作

学生按小组讨论，每小组组员轮流上台阐述，表达对居住空间处理方式及分隔形式的认识。

扬帆起航

想一想：（1）分组收集不同功能空间的分隔处理的相关图文资料。

（2）讨论相关空间的分隔处理方法。

练一练：根据教师提供的平面图（图2-3-16），分组选择一个功能空间，进行空间分隔处理，以手绘方案图的形式表现。

要求：(1) 完成一个功能空间的平面布置图。

(2) 使用黑色针管笔，分线型加彩色铅笔淡彩效果；以 1：50 的比例绘制在 A3 图纸内；标注材料和主要尺寸。

(3) 完成该空间的 2 张立面图。

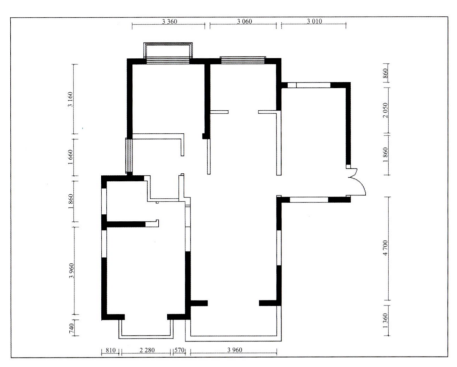

图 2-3-16 平面图

任务2.4 居住空间界面设计

◆ **建议学时**：理论课时：2 课时，实训课时：4 课时。

◆ **学习目标**：通过讲述与案例分析，使学生掌握室内空间界面的概念和功能，理解空间界面的设计要求及装修设计要遵循的原则。了解不同界面的设计原则与设计手法。

◆ **学习重点**：界面的设计要求。

◆ **学习难点**：不同类型界面的设计。

任务导入

(1) 根据所给的图片分析界面处理效果。

(2) 手绘设计客厅的界面处理，要求设计合理，功能齐全，满足居住要求。

知识导航

2.4.1 空间界面的处理

居室空间设计要求界面处理做到质、形、色的协调统一，界面处理是对居室空间的营造产生重要影响的因素，如布局、构图、意境、风格等。

居室界面即围合成居室空间的底面（地面）、侧面（墙面、隔断）和顶面（天面）。特别是顶面（天面）的确定，是确定居室空间室内外的依据。居室空间室内界面设计既有功能技术要求，也有造型和美观要求，作为材料实体的界面，有界面的材质选用，界面的形状、图形线角、肌理构成的设计，以及界面和结构构件的连接构造，风、水、电等管线设施的协调配合等方面的设计。

1. 居住空间界面的要求和功能特点

（1）各类界面的共同要求。

1）耐久性及使用期限。

2）耐燃及防火性能（现代室内装饰应尽量采用不燃及难燃性材料，避免采用燃烧时释放大量浓烟及有害气体的材料）。

3）无毒（指散发气体和触摸时的有害物质低于核定剂量）。

4）无害的核定放射计量（如某些地区所产的天然石材，具有一定的氡放射计量）。

5）易于制作安装和施工，便于更新。

6）必要的隔热保温、隔声、吸声性能。

7）装饰及美观要求。

8）相应的经济要求。

（2）各类界面的功能特点。

1）地面：地面要满足防滑、防水、防潮、防静电、耐磨、耐腐蚀、隔声、吸声、易清洁的功能要求。

2）墙面：墙面要具有挡视线，较高的隔声、吸声、保暖、隔热的特点。

3）顶面：顶面要满足质轻、光反射率高、较高的隔声、吸声、保暖、隔热的功能要求。

2. 居住空间界面装饰材料的选用

居住空间界面装饰材料的选用需要考虑下述几个方面的要求：

（1）适应室内使用空间的功能性质。对于不同功能性质的室内空间，需要由相应类别的界面装饰材料来烘托室内的环境氛围。

（2）适合建筑装饰的相应部位。不同的建筑部位，相应地对装饰材料的物理、化学性能，观赏效果等要求也各不同。

（3）符合更新、时尚的发展需要。设计装饰后的室内环境，通常并非"一劳永逸"，是需要更新的。原有的装饰材料需要由无污染、质地和性能更好、更为新颖美观的装饰材料来取代。

3. 室内界面的处理及其感受

人们对室内环境气氛的感受是综合的、整体的。视觉感受界面的主要因素有室内的采光、照明、材料的质地和色彩、界面本身的形状、线脚和图案肌理等。处理好空间的界面不仅可以赋予空间以特性，还有助于加强空间的完整统一性。

（1）顶面。空间的顶面最能反映空间的形状及空间的高度变化。常规地对空间顶界面的处理方法是通过升降界面产生高差，使空间关系明确；使用灯具的造型、发光效果等进行艺术处理也是顶面处理的方法之一；顶面处理还可以通过不同的材料质感加以区分。

顶面处理的目的是起到遮盖、美观、秩序，突出重点和中心的效果，加强空间的深远感（图 2-4-1 ~ 图 2-4-7）。

图 2-4-1　石膏装饰顶　　图 2-4-2　木制吊顶　　图 2-4-3　刚结吊顶　　图 2-4-4　质吊顶

图 2-4-5　顶界面的处理（一）　　图 2-4-6　顶界面的处理（二）　　图 2-4-7　顶界面的处理（三）

（2）墙面。要想获得理想的空间艺术效果，必须处理好墙面的空间形状、质感、纹样及色彩诸因素之间的关系。墙面线条与纹理横向划分，可使空间向水平方向延伸，给人以安定的感觉；墙面线条与纹理纵向划分，可增加空间的高耸感，使人产生兴奋的情绪。

对于比较低矮的空间采取纵向划分的处理手法，可以抵消空间给人造成的压抑感。

大图案可使空间界面向前提，使人感觉空间缩小；小图案可使空间界面向后退，空间有扩大之感。

在墙面的处理中，应根据室内空间的特点，处理好门窗的关系。通过墙面的处理体现出空间的节奏感、韵律感和尺度感（图 2-4-8 ~ 图 2-4-10）。

图 2-4-8　贴面类墙面装修　　图 2-4-9　木雕墙面　　图 2-4-10　砖墙

（3）地面。地面的处理常用不同种类的地面材料，根据使用需求平铺、搭配、拼花、穿插等处理；也可以根据空间的结构特点，提高或降低地面高度来区分不同区域；地面也可以与墙面整体化处理或通过地面局部灯光分隔来处理（图 2-4-11、图 2-4-12）。

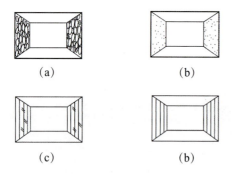 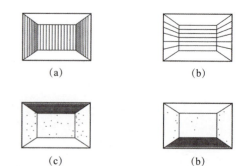

图 2-4-11　室内空间界面的不同处理与视觉感受（一）
（a）大尺度花饰感觉空间缩小；（b）小尺度花饰感觉空间增大；
（c）石材、面砖、玻璃感觉挺拔冷峻；（d）木材、织物较有亲切感

图 2-4-12　室内空间界面的不同处理与视觉感受（二）
（a）垂直划分感觉空间紧缩增高；（b）水平划分感觉空间降低；
（c）顶面深色感觉空间降低；（d）顶面浅色感觉空间增高

2.4.2　空间界面设计的原则与要点

1. 室内空间界面设计的原则

（1）功能原则——技术。当代著名建筑大师贝聿铭有这样一段表述"建筑是人用的，空间、广场是人进去的，是供人享用的，要关心人，要为使用者着想"，也就是使用功能的满足自然成为居室空间界面设计的第一原则。需要由不同界面设计满足其不同的功能需要。例如，起居室功能是会客、娱乐等，主墙界面设计要满足这样的功能。

（2）造型原则——美感。居室界面设计的造型表现占很大的比重。其构造组合、结构方式使得每个最细微的建筑部件都有可作为独立的装饰对象。例如，门、墙、檐、天棚、栏杆等做出各具特色界面、构造结构装饰（图 2-4-13、图 2-4-14）。

图 2-4-13　阁楼　　　　　　　　　　　　图 2-4-14　空间线条

（3）材料原则——质感。居室空间的不同界面、不同部位选择不同的材料，借此来求得质感上的对比与衬托，从而更好地体现居室设计的风格。例如，界面质感的丰富与简洁，粗犷与细腻，都是在比较中存在，在对比中体现（图 2-4-15 ~ 图 2-4-17）。

（4）实用原则——经济。从实用的角度去思考界面处理在材料、工艺等方面的造价要求。例如，餐厅界面设计，地板砖材料选用经济价格也是衡量的一个依据（图 2-4-18、图 2-4-19）。

（5）协调原则——配合。起居室顶面设计中最为关键的是必须与空调、消防、照明等有关设施工种密切配合，尽可能使顶面上部各类管线协调配置。例如，起居室中界面设计与空调、音响、换风等设施的协调（图 2-4-20、图 2-4-21）。

（6）更新原则——时尚。20世纪居室空间消费趋势呈现出"自我风格"与"后现代"设计局面，具有鲜明的时代感，讲究"时尚"。例如，原有装饰材料需要由无污染、质地和性能更好、更新颖美观的装饰材料取代（图2-4-22、图2-4-23）。

图 2-4-15　木材

图 2-4-16　木材与金属

图 2-4-17　涂料与木材

图 2-4-18　地板

图 2-4-19　地砖

图 2-4-20　客厅设施线路

图 2-4-21　卧室设施线路

图 2-4-22　材料选择

图 2-4-23　色彩搭配

2. 室内空间界面装饰设计的要点

（1）形状。室内空间形状是由点、线、面相互交错组织而成的。

室内空间界面的线主要有直线、曲线、分格线和表面凹凸变化而产生的线。线可以体现装饰的静态或动态，调整空间感，反映装饰的精美程度。

室内空间界面的形是指墙面、地面、顶棚的形及其基本部分的形状，具有性格特征（棱角的强、锐，圆形的柔、钝，扇形的轻、华）。

形体在室内空间界面也较多地出现，如漏窗、景洞的轮廓都涉及形体。其表现有两种：一是没有明显的界线，自然相接，形成一个自然的整体；二是大的凹凸和起伏。

（2）质感。质感是材质给人的感觉与印象，是材质经过视觉和触觉处理后产生的心理现象。其包括自然质感（如石头、竹子）和人工质感（如水磨石、镜面玻璃）两种。在室内空间界面装饰设计中，应根据其性格特征，把握以下几点：

1）材料与空间性格相吻合。

2）展示材料内在美。

3）注意材料质感与距离、面积之间的关系。

4）与使用要求相统一。

5）用材的经济性。

（3）图案。形与色的组合即图案，它对环境的协调与变化有着直接影响。

1）图案的作用。

①图案可改变空间效果，表现特定的气氛。

②图案可利用人们的视觉错觉改善界面比例。

③图案景深影响空间景深。

④图案可以使空间富有静感和动感。

⑤图案还能给空间环境带来某种气氛和情趣。

⑥图案可使空间有明显的个性，表现某个主题，造成某种意境。

2）图案的选用。选用图案时，应充分考虑空间的大小、形状、用途和性格，使装饰与空间的使用功能和精神功能一致。

任务操作

从材质、形态等角度分析北京国家大剧院中庭的空间界面设计（图2-4-24）。

图2-4-24　北京国家大剧院

扬帆起航

想一想：（1）分组研讨不同类型的居住空间界面设计需要考虑的内容。

（2）收集整理不同材质界面的效果展示图。

练一练：设计一居住空间的界面处理（墙面、地面、顶面），以手绘方案图的形式表现。

要求：（1）视角自定，有自己的创意；

（2）顶面界面加注灯具；

（3）以 1∶30 的比例绘制在 A3 图纸内手绘上色完成。

任务2.5　居住空间色彩与材质设计

◆ **建议学时**：理论课时：2课时，实训课时：4课时。

◆ **学习目标**：通过讲述与案例分析，使学生了解色彩和材质的基本知识，并根据色彩和质感对人的生理、心理效应设计出合理的室内色彩方案。

◆ **学习重点**：重点掌握室内色彩设计的方法。

◆ **学习难点**：理解色彩对人的生理和心理效应，通过实践掌握室内色彩的设计方法和步骤。

任务导入

根据所给室内效果手绘线稿，根据房主要求进行色彩和质感设计。

知识导航

2.5.1　居住空间色彩设计

色彩是室内设计重要的构成因素，也是室内设计中最为生动、最为活跃的因素，室内色彩往往给人们留下室内环境的第一印象。

室内色彩不仅局限于地面、墙面和天花，还包括房间里的所有家具、设备、陈设等。

室内环境色彩对室内的空间感、舒适度、环境气氛、使用效率，对人的生理和心理均有很大的影响。因此，在室内设计中必须对色彩进行全面认真的推敲。

1. 色彩基本知识

（1）色彩的来源。牛顿将太阳光透过三棱镜，于是便出现一条七色光带，这就是太阳光谱（图2-5-1、图2-5-2）。

（2）色彩的三属性。

1）色相：色彩所具有的属性，即色彩所呈现出来的相貌。

2）明度：色彩的明暗或深浅的程度。

3）纯度：色彩的鲜艳或浑浊的程度。

12色色环如图2-5-3所示。

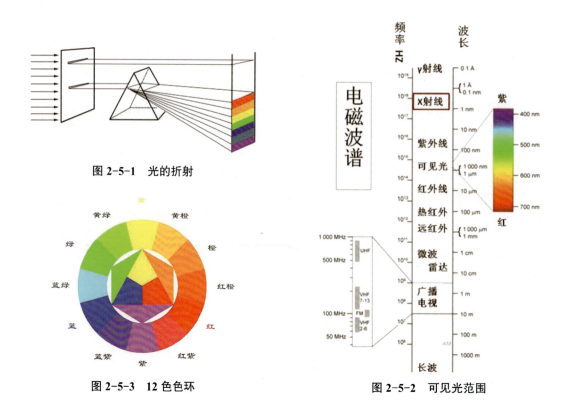

图 2-5-1 光的折射

图 2-5-2 可见光范围

（3）色彩的色相环及色立体（图 2-5-4、图 2-5-5）。相邻位置的颜色容易协调，是调和色，而相对位置的颜色比对强烈，是对比色。

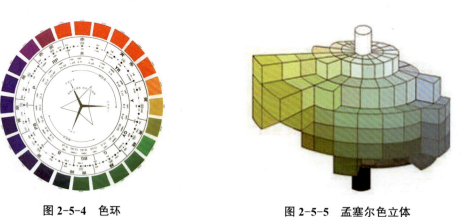

图 2-5-4 色环

图 2-5-5 孟塞尔色立体

2. 色彩的物理效应

色彩是设计中最具表现力和感染力的因素，它通过人们的视觉感受产生一系列的生理、心理和类似物理的效应，形成丰富的联想、深刻的寓意和象征。在室内环境中色彩主要应满足其功能和精神要求，目的是使人们感到舒适。色彩本身具有一些特性，在室内设计中充分发挥和利用这些特性，将会赋予设计感人的魅力，并使室内空间大放异彩。

色彩对人引起的视觉效果反应在物理性质方面，如冷暖、远近、轻重、大小等，色彩的物理作用在室内设计中可以大显身手。

（1）温度感。在色彩学中，将不同色相的色彩分为热色、冷色和温色。从红紫、红、橙、黄到黄绿色称为热色；以橙色最热。从青紫、青至青绿色称为冷色；以青色为最冷。紫色是由红与青色混合而成，绿色是由黄与青混合而成，因此称为温色。这与人类长期的感觉经验是一致的，如红色、黄色，让人似看到太阳、火、炼钢炉等，感觉热；而青色、绿色，让人似看到江河湖海、绿色的田野、森林，感觉凉爽（图2-5-6、图2-5-7）。

图2-5-6　暖色

图2-5-7　冷色

（2）距离感。色彩可以使人感觉进退、凹凸、远近的不同，一般暖色系和明度高的色彩具有前进、凸出、接近的效果；而冷色系和明度较低的色彩则具有后退、凹进、远离的效果。在室内设计中常利用色彩的这些特点改变空间的大小和高低。例如，居室空间过高时，可采用近感色，减弱空旷感，提高亲切感；墙面过大时，宜采用收缩色；柱子过细时，宜用浅色；柱子过粗时，宜采用深色，减弱笨粗之感（图2-5-8～图2-5-11）。

图2-5-8　冷色后退

图2-5-9　暖色前进

图2-5-10　远感色

图2-5-11　近感色

天花太低——天花应用比墙面淡的色彩，最好用白色，以在视觉上提升天花的高度。

天花太高——要降低天花的视觉高度，可用较墙面偏暖、明度偏低的色彩来装饰天花。

（3）重量感。色彩的重量感主要取决于明度和纯度。明度和纯度高的色彩显得轻，如桃红、浅黄色。在室内设计的构图中，常以此达到平衡和稳定的需要，以及表现性格的需要，如轻飘、庄重等。

（4）尺度感。色彩对物体大小的作用，包括色相和明度两个因素。暖色和明度高的色彩具有扩散作用，因此物体显得大，而冷色和暗色则具有内聚作用，因此物体显得小。不同的明度和冷暖有时也通过对比作用显示出来，室内不同家具、物体的大小和整个室内空间的色彩处理有密切的关系，可以利用色彩来改变物体的尺度、体积和空间感，使室内各部分之间关系更为协调。

3. 色彩对人的生理和心理效应

色彩的直接心理效应来自色彩的物理光刺激对人的生理发生的直接影响。心理学家对此曾做过许多实验。他们发现，在红色环境中，人的脉搏会加快，血压有所升高，情绪兴奋冲动。而处在蓝色环境中，脉搏会减缓，情绪也较沉静。有的科学家发现，颜色能影响脑电波，脑电波对红色的反应是警觉，对蓝色的反应是放松。自19世纪中叶以后，心理学已从哲学转入科学的范畴，心理学家注重实验所验证的色彩心理的效果。

在居室中，人们对家居色彩的选择，往往只注意营造室内的和谐情调，而很少将家居色彩与身心健康联系起来，其实色彩对身心健康的影响是很大的。

绿色是一种令人感到稳重和舒适的色彩，具有镇静神经、降低眼压、解除眼疲劳、改善肌肉运动能力等作用，所以，绿色系很受人们的欢迎。绿色还对晕厥、疲劳、恶心与消极情绪有一定的作用。但长时间在绿色的环境中，易使人感到冷清，影响胃液的分泌，食欲减退。

蓝色是一种令人产生遐想的色彩，也是相当严肃的色彩。这种强烈的色彩，在某种程度上可隐藏其他色彩的不足，是一种搭配方便的颜色。蓝色具有调节神经、镇静安神的作用。蓝色的灯光在治疗失眠、降低血压和预防感冒中有明显作用。有人戴蓝色眼镜旅行，可以减轻晕车、晕船的症状。蓝色对肺病和大肠病有辅助治疗作用。但患有精神衰弱、忧郁病的人不宜接触蓝色，否则会加重病情。

橙色能产生活力，诱发食欲，也是暖色系中的代表色彩，同样也是代表健康的色彩，它也含有成熟与幸福之意。

白色能反射全部的光线，具有洁净和膨胀感。所以，在居家布置时，如空间较小时，可以白色为主，使空间增加宽敞感。白色对易动怒的人可起调节作用，这样有助于保持血压正常。但对于患孤独症、精神忧郁症的患者则不宜在白色环境中久住。

红色是一种较具有刺激性的颜色，它给人以燃烧和热情感。但不宜接触过多，过多凝视大红颜色，不仅会影响视力，而且易产生头晕目眩之感。心脑病患者一般是禁忌红色的。

黄色是人出生最先看到的颜色，是一种象征健康的颜色，它之所以显得健康明亮，因为它是光谱中最易被吸收的颜色。它的双重功能表现为对健康者的稳定情绪、增进食欲的作用；对情绪压抑、悲观失望者会加重这种不良情绪。

黑色高贵并隐藏缺陷，它适合与白色、金色搭配，起到强调的作用，使白色、金色更为耀眼。黑色具有清热、镇静、安定的作用，对激动、烦躁、失眠、惊恐的患者起恢复安定的作用。

灰色是一种极为随和的色彩，具有与任何颜色搭配的多样性。所以，在色彩搭配不合适时，可以用灰色来调和，对健康没有影响。

据世界卫生组织统计，抑郁症已成为世界第四大疾患，患强迫症、焦虑症、恐惧症等心理疾病的人数几乎每年都在不断增加。随着社会竞争的日益激烈，来自工作、生活等方面的压力增加，我国城市人口中高达70%的人已处于亚健康状态。有效地缓解心理压力，除采取常规的心理健康疗法外，有关专家最近提出了"色彩力"决定"健康力"的新概念，即色彩对心理健康的影响力不容忽视（图 2-5-12～图 2-5-14）。

图 2-5-12　对比色彩搭配法

图 2-5-13　低彩度色调搭配法

图 2-5-14　高饱和度色彩搭配法

4. 室内色彩的设计方法

（1）室内色彩的分类。

1）作为大面积的色彩，对其他室内物件起衬托作用的背景色；

2）在背景色的衬托下，以在室内占有统治地位的家具为主体色；

3）作为室内重点装饰和点缀的面积小却非常突出的重点或称强调色（图 2-5-15）。

（2）注意要点。

1）主调：室内色彩应有主调或基调，冷暖、性格、气氛都通过主调来体现。

2）大部位色彩的统一协调：主调确定以后，就应考虑色彩的施色部位及其比例分配。

3）加强色彩的魅力：背景色、主体色、强调色三者之间的色彩关系绝不是孤立的、固定的，如果机械地理解和处理，必然千篇一律，变得单调。

主调的选择是一个决定性的步骤，因此，必须和要求反应空间的主题十分贴切，即希望通过色彩达到怎样的感受，是典雅还是华丽，安静还是活跃，纯朴还是奢华。用色彩语言来表达不是很容易的，要在许多色彩方案中，认真仔细地去鉴别和挑选（图 2-5-16、图 2-5-17）。

图 2-5-15　不同色彩物体之间的相互关系形成的多层次的背景关系

图 2-5-16　白色与木纹搭配

图 2-5-17　白色与线条搭配

主色调，一般应占有较大比例，而次色调作为与主调色搭配，只占较小的比例。

4）色彩的统一：还可以采取选用材料的限定来获得。例如，可以用大面积木质地面、墙面、顶棚、家具等，也可以用色、质一致的蒙面织物来用于墙面、窗帘、家具等方面。某些设备，如花卉盛具和某些陈设品，还可以采用套装的办法，来获得材料的统一。

（3）加强色彩的魅力。

1）色彩的重复或呼应。即将同一色彩用到关键性的几个部位，从而使其成为控制整个室内的关键色。例如，用相同色彩于家具、窗帘、地毯，使其他色居于次要的、不明显的地位。同时，也能使色彩之间相互联系，形成一个多样统一的整体，色彩上取得彼此呼应的关系，才能取得视觉上的联系和唤起视觉的运动。

2）布置成有节奏的连续。色彩的有规律布置，容易引起视觉上的运动，或称色彩的韵律感。色彩的韵律感不一定用于大面积，也可用于位置接近的物体上。当在一组沙发、一块地毯、一个垫子、一幅画或一簇花上都有相同的色块而取得联系，从而使室内空间物与物之间的关系显得更有内聚力。墙上的组画、椅子的坐垫、瓶中的花等均可作为布置韵律的地方。

图 2-5-18　对比色搭配

3）用强烈对比。色彩由于相互对比而得到加强，一经发现室内存在对比色，也就是其他色彩退居次要地位，视觉很快集中于对比色。通过对比，各自的色彩更加鲜明，从而加强了色彩的表现力（图 2-5-18）。

5. 室内色彩的设计要求

在进行室内色彩设计时，应首先了解和色彩有密切联系的以下问题：

（1）空间的使用目的。不同的使用目的，如会议室、病房、起居室，显然在考虑色彩的要求、性格的体现、气氛的形成各不同。

（2）空间的大小、形式。色彩可以按不同空间大小、形式来进一步强调或削弱。

（3）空间的方位。不同方位在自然光线作用下的色彩是不同的，冷暖感也有差别，因此，可利用色彩来进行调整。

（4）使用空间的人的类别。老人、小孩、男、女对色彩的要求有很大的区别，色彩应适合居住者的爱好。

2.5.2　居住空间材料分析

1. 材料的分类

（1）材料按材质划分，可分为塑料、金属、陶瓷、玻璃、木材、无机矿物、涂料、纺织品、石材等种类。

（2）材料按功能划分，可分为吸声材料、隔热材料、防水材料、防潮材料、防火材料、防霉材料、耐酸碱材料、耐污染材料等种类。

（3）材料按装饰部位划分，可分为墙面装饰材料、地面装饰材料、顶棚装饰材料等种类。

2. 材料种类及应用

（1）涂面材料。涂料是指涂敷于物体表面，可与基体材料很好地黏结并形成完整而坚韧保护膜的物质。由于在物体表面结成干膜，故又称为涂膜或涂层。墙面漆即面漆，也就是人们常说的乳胶漆。乳胶漆是以合成树脂乳胶涂料为原料，加入颜料及各种辅助剂配制而成的一种水性涂料，是室内装饰装修中最常用的墙面装饰材料。乳胶漆和普通油漆不同，它以水为介质进行稀释和分解，具有质量轻、色彩鲜明、附着力强、无毒无害、不污染环境、施工简便、工期短、耐老化等特点。涂面材料主要应用于墙面与顶棚。

图 2-5-19、图 2-5-20 所示为涂漆应用效果图。

（2）墙纸。墙纸也称为壁纸，是一种应用相当广泛的室内装饰材料。因为墙纸具有色彩多样、图案丰富、豪华气派、安全环保、施工方便、价格便宜等多种其他室内材料所无法比拟的特点，在现代装修中越来越得到人们的推崇。墙纸可分为墙面纸、纺织物壁纸、天然材料壁纸、塑料壁纸等。墙纸主要应用于墙面、顶棚或其他局部。

精致的壁纸体现出高雅的感觉，并与室内装饰相呼应，统一室内空间图2-5-21、图2-5-22所示为壁纸应用效果。

图 2-5-19　墙面涂漆（一）

图 2-5-20　墙面涂漆（二）

图 2-5-21　壁纸应用效果（一）

图 2-5-22　壁纸应用效果（二）

（3）装饰板。

1）木线条。木线条一般用木质较细、比较耐磨耐朽、易加工上色、能使用胶粘剂和打钉固定的木材制成。木质线条造型丰富、样式雅致、做工精细。从形态上一般可分为平板线条、圆角线条、槽板线条等。

木线条应用于木质工程中的封边和收口，可以与顶面、墙面和地面完美配合，也可用于窗套、家具边角、独立造型等构造的封装修饰。其在装修中有美化细节、突出装修风格的作用。

2）木饰面板。木饰面板是将木质人造板进行各种装饰加工而成的板材。由于色泽、平面图案、立体图案、表面构造及光泽等的不同变化，大大提高了材料的视觉效果、艺术感受和声、光、电、热、化学、耐水、耐候、耐久等性能，增强了材料的表达力并拓宽了材料的应用面。一般除地面外，都可以根据设计需要而应用。

3）大理石面板。天然大理石具有材质密实、抗压、色泽丰富、耐磨、耐介质侵蚀、吸水率低、不变形的特点。经研磨抛光后的大理石饰面板由于抗风化能力较差，主要应用于建筑物室内饰面，如墙面、柱面、地面、造型面、台面等，一般不用于室外。大理石是高档卫浴空间中常用的材料，其自然的纹理较面砖而言更具有肌理感；大理石面板多用于墙面和台面装饰部分（图2-5-23）。

图 2-5-23　大理石面板应用效果

4）墙面砖。在建筑装饰工程中，陶瓷是最古老的装饰材料之一。随着现代科学技术的发展，陶瓷在花色、品种、性能等方面都有了巨大的变化，为现代建筑装饰工程带来了越来越多兼具实用性和装饰性的材料。在现代建筑装饰陶瓷中，墙面应用最多的是釉面砖。它们的品种和色彩多达数百种，而且新的品种还在不断地涌现。

5）陶瓷釉面砖。陶瓷釉面砖又称为内墙面砖，是用于内墙装饰的薄片陶瓷建筑制品。它不能用于室外，否则经日晒、雨淋、风吹、冰冻后，将导致破裂损坏。陶瓷釉面砖不仅品种多，而且有白色、彩色、图案、无光、亚光等多种式样，并可拼接成各种图案、字画等，装饰性较强。

陶瓷釉面砖多用于厨房、卫生间、浴室、内墙裙等墙面处的装修。

图 2-5-24　陶瓷马赛克应用效果

6）陶瓷马赛克。陶瓷马赛克是以优质瓷土烧制成的小瓷砖。陶瓷马赛克具有抗腐蚀、耐磨、耐火、吸水率小、强调高及易清洗、不褪色等特点，可用于门厅、走廊、卫生间、餐厅及居室的内墙和地面装修。内墙面砖不但颜色上选择多样，纹理的变化也更加丰富，现在市面上还出现了金属马赛克、玻璃马赛克、镜面马赛克等产品。

陶瓷马赛克应用于居室的内墙、厨卫墙面和地面装修（图 2-5-24）。

（4）地毯。地毯是以棉、麻、毛、丝、草等天然纤维或化学合成纤维类原料，经手工或机械工艺进行编结、植物或纺织而成的地面铺饰物。地毯的质感柔软厚实、行走舒适、富有弹性，并有很好的隔声、隔热效果，调节室内氛围。在现代装修中，常常采用局部铺装的方式。地毯有纯毛地毯、化纤地毯、混纺地毯。

3. 不同材料对人心理感受的影响

不同材料会对人的心理感受产生不一样的影响，各材料有着不一样的特性。人们第一眼看到一个空间的时候，就会产生多重感受，第一个是整体的色调，接着是整体的布置，后面人们会对材料产生一种猜想，从而去判断它的材质。同时也会对它进行分析，如物质的形状、纹理、颜色、光泽度等。当人们近看，去触摸的时候，就能大概知道它到底是什么材料了。但是有一点人们不知道的，就是它本身所带有的功能，如它能否吸声、隔热、防水等。

（1）不同材料对人产生不同感受。物体都有着自身的一个特征，并且也成为人们判断物体的一个指标。例如金属、石材，它让人们想到的是它具有一定的硬度，同时是密度大，质量大的物体，并可以构造出稳固的框架。它让人们心理可以得到一种安全感。玻璃可分为钢化玻璃、磨砂玻璃、清玻璃等。钢化玻璃给人的感觉就是坚固，磨砂玻璃则给人一种朦胧感，清玻璃可以给人一种清爽的感觉。它们的共同点在于，都有一定的光泽度，同时，也随着工艺的不断提高，让人们生活更加多姿多彩。它们在室内的存在，可让人们感受到安全、时尚。

图 2-5-25　木材为主的搭配

纺织品，每个人身上穿的衣服也是纺织品的一种，它给人们的感觉就是温暖。因此，在家中选用布艺的装饰，可以营造出温暖的氛围。陶瓷，历史悠久，本身带有很高的反射，加上光滑的表面，可给人一种高雅的气质。对于木材，都出现在人们生活的每个角落，如果家中都以木材为主，则给人一种自然、环保的感觉（图 2-5-25）。

（2）材料的色彩对人产生的心理影响。每种材料都有颜色，当人们注意到它们，第一感观是视觉上的。红色是一种较具刺激性的颜色，它给人以燃烧感和挑逗感；黄色是人出生最先看到的颜色，是一种象征健康的颜色；橙色能产生活力，诱发食欲；绿色是一种令人感到稳重和舒适的色彩，还代表积极向上且充满青春的活力，它对昏厥、疲劳、恶心与消极情绪有一定的作用；粉红色是温柔的最佳诠释，这种红与白色混合的色彩，非常明朗而亮丽；蓝色是一种令人产生遐想的色彩，也是相当严肃的色彩；褐色是最容易搭配的颜色，它可以吸收任何颜色的光线，是一种安逸祥和的颜色，可以放心运用在家居中；黑色高贵并且可隐藏缺陷，它适合与白色、金色搭配，起到强调的作用；灰色是一种极为随和的色彩，具有与任何颜色搭配的多样性，所以，在色彩搭配不合适时，可以用灰色来调和；白色会反射全部的光线，具有洁净和膨胀感，所以在居家布置时，如空间较小时，可以白色为主，使空间增加宽敞感；金色是一种豪华的色彩，本身能够发出华丽而绚烂耀目的光芒，所以，令人有目不暇接之感。

（3）室内材料在灯光下营造出来的效果对心理的影响。照明是心情和气氛的心理调节者，有经验的设计师会用它来形成空间的特点，明亮的灯光是有刺激作用，有激起人们向前的动力感；柔和的灯光根据不同的环境可能使人感觉轻松安逸。镜子具有反射效果，让其使用在天花中，从而增加空间的光照。

在家装中，主要可分为硬装和软装。硬装主要是指建筑物本身已固定的，如墙体，天花，天面；软装相当后期对空间的二次设计，如家具、陈列品、装饰等。在处理不同的空间界面时，人们会选用不同的材料，在顶棚做天花，在墙面做饰面，在地面铺地砖等，从而营造出一个让室内更适合人们的使用、居住的环境。

在对空间进行处理时，人们会不经意地，或者受自己思维的影响、文化的影响、地域的差异等将其融入设计中。因而，就创作出不同的格调，即风格，如中西传统的风格、现代风格、自然风格等。这些风格不是凭空出现的，更多是靠材料营造出来的。例如，用中国传统的青砖做墙面，用中国古代的家具，用人字窗，这样就可以大概创作出带有中国传统风格的味道了。当然，这是远远不够的，还需要设计师的环境整体意识、形象思维、颜色的搭配等，这样才能设计出一个好的作品（图2-5-26、图2-5-27）。

图2-5-26 日式风格

图2-5-27 现代简约风格

4. 空间案例分析

（1）如图2-5-28所示，该室内设计以现代风格为基调，地砖、沙发、挂灯三者皆是紫色，起到很好的呼应效果。墙面以白色肌理效果为主，体现出简洁的现代格调。黑紫色大理石使墙面不至于过于呆板，小面积的茶镜的使用使空间通透而具有延展性，金属茶几、金属器具的摆放及大的落地窗更体现出浓浓的现代气息。整个空间给人以清新自然，简约时尚的感觉。

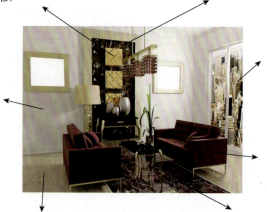

图 2-5-28 案例（一）

（2）如图 2-5-29 所示，该空间很容易让人感觉到自然轻松，无论是木制的柜子、储物架，带有木纹的地板，还是绿色的沙发，都很好地为营造空间氛围做了铺垫，为了防止家具过于规则而呆板，设计师通过带有弧线和圆形的壁纸来解决这个问题，打破过于呆板的空间布局。巨大的落地窗让整个房间通透而明亮，也能让远处的风景尽收眼底，使居室与自然合二为一。

图 2-5-29 案例（二）

任务操作

手绘上色，色彩质感设计要求是整体室内呈现现代简约风格（追求明快、轻巧、具有强烈的时代感）（图 2-5-30）。

图 2-5-30　操作练习

🎯 扬帆起航

想一想：（1）分组研讨居住空间内色彩与质感之间的联系，运用时需要注意哪些事项？

（2）收集整理不同风格的居住空间色彩设计方案。

练一练：选择一小户型进行色彩和质感设计，以手绘方案图的形式表现，包括平面图和立体效果图两部分。

要求：（1）立体效果图视角自定，有自己的创意；

（2）以 1∶30 的比例绘制在 A3 图纸内手绘上色完成；

（3）注意画面的整洁。

任务2.6　居住空间采光与照明设计

◆ **建议学时**：理论课时：4 课时，实训课时：8 课时。

◆ **学习目标**：通过讲述理论知识与案例分析，使学生了解居住空间采光与照明设计特征及设计要点，通过设计实践掌握居住空间照明与采光的设计方法。

◆ **学习重点**：掌握家居空间照明设计的适用区域及其特点。

◆ **学习难点**：理解不同照明方式可能获得的光照效果，通过实践掌握对不同空间进行合理设计的方法。

任务导入

根据所给图纸（图 2-6-1），完成一居住空间客厅的采光与照明设计，要求设计合理、兼顾实用性与空间界面装饰。

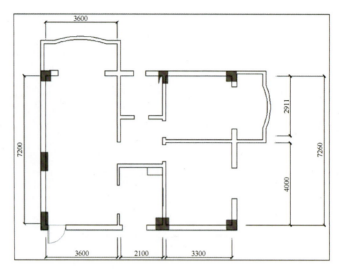

图 2-6-1　小户型居住空间采光与照明设计

知识导航

在室内设计中,光不仅是为满足人们视觉功能的需求,而且是一个重要的美学因素。光可以形成空间,它直接影响到人对物体大小、形状、质地和色彩的感知。通过学习,要求学生掌握家居空间的不同照明设计特点,能对家居空间的照明布置进行准确的设计,达到功能与美学的统一。

著名建筑大师勒·柯布西耶给建筑下的定义:"建筑艺术是在光照条件下对体量巧妙、正确和卓越的处理"。日本优秀的建筑大师安藤忠雄这样描绘光:"光赋予美以戏剧性,风和雨通过他们对人体的作用给生活增添色彩。建筑是一种媒介,使人们去感受自然的存在""在我的作品中,光永远是一种把空间戏剧化的重要元素"。的确,光已经成为建筑设计乃至室内设计的重要内容。大师们的话说明了光是空间生命的源泉,有光才有空间,才有人们生活空间的道理。光是空间美的元素,合理利用光,可营造丰富多彩的空间环境。光与人、空间三者的关系是密不可分的(图 2-6-2 ~ 图 2-6-5)。

住宅是人们居住生活的主要空间,其环境质量直接影响人们的生活质量,仅靠空间的明亮是不够的,还要考虑照明的功能。合理设置照明器和亮度分布,使居住空间能满足各种活动的需求,又能创造多变舒适的照明环境和气氛。

图 2-6-2　柯布西耶《朗香教堂》外观　　　　图 2-6-3　柯布西耶《朗香教堂》内部

图 2-6-4　安藤忠雄《光之教堂》模型　　图 2-6-5　安藤忠雄《光之教堂》内部

1. 照明方式的类型

（1）自然光源。自然光源的种类和影响因素有直接采光、间接采光、扩散采光。自然光源是白天最主要的光源，不但给室内提供足够的照明，而且对于满足室内环境气氛及人们从生理层次到心理层次对光的依赖都非常重要。

1）窗式采光。主要依靠窗户来采光，这种采光形式广泛应用于住宅、办公室、客房及公共场所等，这种采光模式的进光多少受到窗户大小的限制（图 2-6-6、图 2-6-7）。

图 2-6-6　办公空间　　　　　　　　　图 2-6-7　阳光房

2）玻璃棚采光。采用玻璃或其他透明材料作棚，进行全顶棚、局部顶棚、倾斜顶棚进光，使室内各区域的共享空间同时采光。它广泛应用于门厅、办公室、图书馆、医院、学校及商业城或展览厅的进门或走廊处等现代建筑中（图 2-6-8、图 2-6-9）。

图 2-6-8　局部玻璃顶棚　　　　　　　图 2-6-9　动用天井增加光线与互动

3）垂直落地式玻璃。让优美的自然风光或场景融入室内，同时增加采光。对于私密性强的空间不是很适合，需要使用遮光性很高的窗帘（图2-6-10、图2-6-11）。

图2-6-10　住宅空间落地玻璃应用　　　　图2-6-11　接待大厅落地玻璃应用

4）镂空小方格兼顾隐私与采光，特别适用于一楼住宅（图2-6-12）。
5）动用通透的材质创造不同的光源变化（图2-6-13）。

图2-6-12　镂空小方格的应用　　　　图2-6-13　玻璃、玻璃砖、亚克力板的运用

（2）人工照明。人工照明可以随人的意志变化，通过光和色的调节来达到理想的照明与视觉效果。固定式灯具包括吸顶灯、吊灯、壁灯、聚光灯等灯具。

1）吸顶灯。吸顶灯的装饰性主要体现在灯罩上，常作为空间主光源使用，以图案设计优雅、光色柔和、造价便宜等取悦于众，常用于居室、走廊、厨房及层高较低的空间（图2-6-14、图2-6-15）。

图2-6-14　中式吸顶灯　　　　图2-6-15　现代风格吸顶灯

2）吊灯。吊灯的种类较多，有花灯、伸缩吊灯、长杆吊灯、吊杆筒灯等，常作为局部功能空间的主光源及局部装饰（图2-6-16～图2-6-18）。

图 2-6-16　吧台吊灯　　　　图 2-6-17　餐厅吊灯　　　　图 2-6-18　餐厅照明设计

3）壁灯。壁灯是一种小型灯具，常做辅助光源，漂亮的壁灯能达到亦灯亦饰的双重效果（图2-6-19、图2-6-20）。

4）聚光灯。聚光灯有射灯、万向牛眼灯、轨道射灯等种类。常作为展览厅、橱窗、墙面壁画等的装饰的直接照射，常配部分暗藏灯光做装饰（图2-6-21～图2-6-24）。

5）灯带。灯带是指将LED灯用特殊的加工工艺焊接在铜线或带状柔性线路板上，再连接电源发光，因其发光时形状如一条光带而得名，只能起点缀和辅助照明的作用。它被广泛应用在建筑物、桥梁、道路、花园、庭院、地板、天花板、家具、汽车、池塘、水底、广告、招牌、标志等装饰和照明（图2-6-25、图2-6-26）。

图 2-6-19　室外壁灯　　　　　　图 2-6-20　室内壁灯

图 2-6-21　轨道射灯　　图 2-6-22　射灯　　图 2-6-23　斗胆灯　　图 2-6-24　牛眼灯

图 2-6-25　LED 灯带　　　　　　　图 2-6-26　灯带在家居设计中的使用效果

2. 作用

室内照明与采光设计的主要作用在于装饰和调节。

（1）对空间界面的装饰和调节（图 2-6-27、图 2-6-28）。灯光对空间界面的调节就是通过灯光的虚拟效果在视觉上改变原有界面的空间、比例、形状和色彩等形态特征。

（2）对材质和肌理的强调（图 2-6-29）。灯光可以突出某些装饰元素的质感、肌理和色彩，给人带来更加鲜明的视觉感受。

（3）对空间层次的丰富。同一空间不同强弱的灯光和不同空间的冷暖变化的灯光相互交织在一起，可以突出材质丰富的肌理与颜色变化，给空间带来丰富的变化，有利于空间的相互渗透、转换和过滤。

（4）营造模糊空间氛围（图 2-6-30）。在灯光的作用下，室内空间的点、线、面、体之间的关系就可能模糊，形成一种模糊界限的空间。

图 2-6-27　洗脸台下　　图 2-6-28　展示柜　　图 2-6-29　灯光对空间　　图 2-6-30　长廊中连续
　　局部照灯　　　　　　暗藏灯带　　　　　　　层次的丰富　　　　　　　的点光源

3. 选择和布置

（1）照明的一般原则。

1）合适的照明度。

2）避免局部光线太亮。

3）光源方向多样化。

4）氛围营造。

（2）根据照明的类型来选择和布置灯具。

1）基本照明。

2）直接照明。

3）间接照明。

4）漫射照明。

5）装饰照明。

（3）根据住宅装饰风格来选择和布置灯具。灯具在家居装饰中是非常重要的装饰艺术品，在灯具的选择上一定要同家居装饰的风格统一协调。

任务操作

完成任务导入图纸中客厅的照明和采光设计图，并手绘主要效果图。

扬帆起航

想一想：（1）收集整理常用家居空间灯具的种类及适用范围。

（2）收集整理家居空间常用照明方式。

练一练：（1）完成客厅平面布置图。

（2）完成客厅照明设计图。

（3）完成主要立面施工图和主要手绘效果图。

任务2.7 居住空间家具与陈设设计

- **建议学时**：理论课时：4课时，实训课时：12课时。
- **学习目标**：通过学习理论知识和案例分析，学生能够在家居空间设计中做到各家具装饰元素的协调统一，能够在居住空间中做家具的常规布置，以及在特殊空间中，家具如何表现出更大的灵活性，发挥更大的作用。
- **学习重点**：家具的类型和常规布置。
- **学习难点**：理解不同组合方式的家具可能获得的空间，通过实践掌握对常见空间进行合理设计的方法。

任务导入

根据任务2.6所给平面图（图2-6-1），完成该空间的平面布置和与整体风格相匹配的陈设设计品。

知识导航

在现代居住空间设计中，家具不仅以满足人们生活需要作为目的，还以追求一种视觉上的美观作为主要的特征，在很大的方面能够让室内空间进行再造。

现代的室内设计主要以建筑给予的空间作为基础，以对内部的环境进行创造为主要的内容，以当今的先进科技手段为主导的方法，以满足人们生活的需要为主要的目的，室内设计包含各种丰富的综合性艺术。用家具划分室内空间，一般情况下对室内空间的创造都是根据人们生活中的需要来进行的，对空间中的开、合、通等方面大部分都可以利用家具来实现。使用家具将室内空间进行分隔是室内设计中经常使用的手段，这种手段具有非常大的灵活性及控制性，可以从很大程度上提高室内空间的使用。通过本任务的学习，要求学生掌握家居空间中常见的家具布置方法，以及家具、陈设选择等相对于整个空间环境风格的统一协调，能够完成一个完整的居住空间室内装饰效果。

2.7.1 家具类型与布置

（1）家具的类型：单体家具、嵌入式家具、组合家具（图2-7-1～图2-7-3）。

（2）家具的布置方式：周边式布置、中心式布置、一边式布置（图2-7-4～图2-7-6）。

图 2-7-1 单体家具

图 2-7-2 嵌入式家具　　图 2-7-3 组合家具

图 2-7-4 周边式布置

图 2-7-5 中心式布置

图 2-7-6 一边式布置

（3）家具布置的原则。

1）根据人的使用布置。布置家具时，首先要考虑的是人们怎么使用最方便，分析人的行为习惯。

2）根据空间要求布置。如何利用空间布置家具是设计中非常重要的因素，在设计中，应该根据空间，合理地布置家具。

3）根据空间的限定布置。在住宅空间设计中，应该充分发挥家具对空间的限定和分隔作用，使之在不破坏空间整体感的同时，又把空间分隔成不同的功能区，合理地组织人的活动，满足人们对空间的需求。

2.7.2 家具造型与材质

（1）家具的造型与空间设计。家具的造型要注意直线和曲线的合理利用。圆弧造型的家具生动、活泼，但容易给人软的感觉。直线家具大方、简洁、有棱有角，会给人生硬的感觉（图2-7-7、图2-7-8）。

图 2-7-7　直线家具　　　　　　　　图 2-7-8　曲线家具

（2）家具的材质与空间设计。按材质划分，家具可以分为玻璃、藤质、木质、布艺、金属、皮革等。不同材质的家具可以给空间带来不同的视觉效果（图 2-7-9～图 2-7-14）。

图 2-7-9　藤质家具　　　　图 2-7-10　金属家具　　　　图 2-7-11　皮革家具

图 2-7-12　玻璃家具　　　　图 2-7-13　木质家具　　　　图 2-7-14　布艺家具

2.7.3　家具风格与内涵

1. 时尚品位

家具的时尚感包含两个方面的内容，首先是风格和形态上适合现代人的审美倾向，具有时代感；其次是设计要符合现代人的生活习惯，符合人体工程学，真正做到"以人为本"。

2. 文脉意识

家具设计和环境、建筑设计相同，都具有地方性、区域性的特色，继承传统。在设计中文脉意识就是用现代设计的思维来提取传统设计的精华加以糅合。

3. 强调结构美

家具的结构美是现代家具造型设计中的一种表现形式，其目的就是要突出家具构造的设计韵味及技术美。

【案例分析】纯粹舒适北欧风小型住宅（图 2-7-15～图 2-7-20）。

图 2-7-15 工作间

图 2-7-16 客厅

图 2-7-17 餐客厅

图 2-7-18 开放厨房与客厅的联动

图 2-7-19 卧室

图 2-7-20 卫生间

　　这是特拉维夫中心一栋有 70 年楼龄的旧居民楼，原先的公寓在被拆除之后，只保留下一根构造柱和一排窗户。

　　原先的浴室被改造成了一个正对客厅的开放式厨房。一面很大的玻璃隔墙镶嵌在薄薄的白色金属框之中，形成一堵透明的墙，将光线从西面引入室内，光线透过卧室，直到工作区。钢化玻璃挡住了强光，并将卧室隐藏在公寓中。

　　白帆布似的墙面上多种材料与色彩的使用赋予了该公寓鲜明的特征。

　　黑色金属架的设计，带有工业气息，开放式的设计，使厨房和客厅之间能形成有效的互动。

　　照明器材和大部分家具都是在特拉维夫和国际跳蚤市场上购买的，很多细节装饰品和家具都有与公寓本身相仿的年头。

2.7.4　装饰艺术陈设品

1. 装饰艺术陈设品在住宅空间环境中的作用（图 2-7-21～图 2-7-24）

（1）很好的视觉吸引力，产生特殊的视觉效果。

图 2-7-21　拼花墙面与黑白装饰画　　图 2-7-22　北欧风格常选用植物系装饰画　　图 2-7-23　营造岁月感的装饰品　　图 2-7-24　本身具有装饰效果的收纳单品

（2）增强住宅的文化内涵。许多装饰艺术品本身就是文化的象征，具有丰富的内涵，浓厚的艺术情趣和强烈的装饰效果，容易形成室内视觉的焦点，提高家居装饰的文化品位。

（3）营造更贴近生活艺术的室内环境。在竞争日益激烈的现代社会，人们感情日益物化的时候，人们对居室的人情味和生活情趣提出了更高的要求，希望通过装饰艺术陈设品使室内温暖亲切。

（4）反映主人性格、兴趣、爱好及个性。装饰艺术陈设品可以赋予整个室内以活力，是对室内家居风格的强调，能够体现主人的爱好，倾诉这个家庭的性格。

（5）给空间以新的生命力。在一些家具设计的死角或转折度大，不易装饰的空间，可以利用装饰艺术陈设品使这些空间充满活力。

2. 装饰艺术陈设品的种类

（1）装饰性陈设品：本身没有实用价值而纯粹作观赏的装饰品，这类装饰艺术陈设品多数具有浓厚的艺术情趣或强烈的装饰效果。

（2）功能性陈设品：本身具有特定的用途，并兼有装饰观赏意味的物品，这类装饰艺术陈设品多以造型的优美和色彩的装饰方面来达到使用和审美的统一。

3. 装饰艺术陈设品的选择和陈列方式

装饰艺术陈设品品种繁多，样式复杂，如果对装饰艺术品不加以选择，陈列的方式毫不讲究，只会造成杂乱无章，起不到装饰效果。

（1）装饰艺术品与室内风格的统一。

（2）从装饰艺术品自身因素来考虑。

2.7.5 其他陈设

1. 绿色植物

绿色植物的介入可以给单调的住宅空间注入新的活力，使室内充满生机，对于缓解人们的心理疲劳、静心养心有着积极作用，但也并不是所有绿植都适合作为室内装饰之用，下沉庭院可选相对耐阴的植物，虎皮兰、琴叶榕等植物适合室内养护（图2-7-25、图2-7-26）。

（1）经济性与实用性相统一。室内植物装饰在美学原则基础上，经济价格要有可行性。在选择绿色植物时，做到绿化、美化、实用效果的统一。考虑到自己的经济状况，并非越高档越好。有时还需考虑到它与室内结构、装修及其他配套设施的搭配。

（2）"软装修"与"硬装修"相协调。与此同时，还应该考虑室内的环境选择相应的绿色植物。尽量使其保持较长的时间，以达到较长时间的装饰效果。

图 2-7-25　下沉庭院植物应用

图 2-7-26　室内植物应用

（3）与室内环境的风格统一，整体美感协调。室内植物装饰不是单一存在的。它与周围的环境相辅相成，只有使它们与其他陈设物取得和谐统一，才能更好地展现出整体的和谐美。例如，室内家居为欧式风格，最好选择棕榈或攀缘类植物，花盆为白色，使呈现出一种异国情调；若为中式风格，则宜选择兰花或盆景置于茶几上，使其带有古朴典雅的气氛。另外，还需注意在整个布局中尽量不出现同类植物或等量重复，又要避免品种过多，使人感到杂乱无章。

（4）选择绿色植物的比例尺度要合适。选择室内花卉要根据室内空间的大小、高度来决定所选的绿色植物。室内空间的绿化比例一般不超过室内空间的十分之一，这样就会使室内空间有扩大感；反之就会给人带来压抑感。如客厅比较大的空间可选用龟背竹、棕榈等高大植物，若选用低矮植物则会感觉空旷、单调。相反，若用龟背竹等装饰面积过小的餐厅、卫生间，则会使人感觉拥挤。所以要根据不同空间的不同大小、位置、高度来选择合适的绿色植物。

2. 室内织物

（1）窗帘：在功能上可以起到调节光线、温度、声音及增加房间私密性等作用，是室内织物的最重要装饰物品（图2-7-27）。

（2）地毯：是室内地面铺设的饰物，能提高室内空间的品质，地毯可以丰富地面，呼应墙面。地毯主要有满铺、中间铺和局部铺设三种铺设方式（图2-7-28）。

（3）壁挂：是一种高雅美观的悬挂装饰物，有吸声、吸热的作用，又能以特有的质感和纹理给人以亲切感，具有很好的装饰效果（图2-7-29）。

（4）台布：在住宅空间设计中是一种非常行之有效的调和剂，既可以协调家具与室内空间的色彩，也是一种非常理想的装饰织物（图2-7-30）。

图2-7-27　隔断装饰作用的窗帘　　图2-7-28　用地毯应用效果　　图2-7-29　编织挂毯　　图2-7-30　桌布与桌旗

任务操作

完成任务导入图纸中的空间平面布置和主要陈设设计，注意在设计过程中体现家具如何合理利用空间和整合空间，同时，做到点亮整个空间所表现出来的风格。

扬帆起航

想一想：（1）收集整理五种不同风格的整套家具图片。

（2）收集整理一个混搭风格的空间图片，思考这样的混搭风格应遵循什么样的规律？

练一练：（1）完成空间平面布置图。

（2）完成各个空间的主要装饰立面图的绘制，并设计绘制相配的陈设品。

任务2.8 居住空间与环境心理学

◆ **建议学时**：理论课时：4课时，实训课时：16课时。
◆ **学习目标**：通过学习理论知识与案例分析，了解环境心理学在室内设计中的重要指导作用，能够在案例分析中有条理地解析设计师设计意图，并在设计实践中积极运用。
◆ **学习重点**：室内环境中人的心理和行为。
◆ **学习难点**：在设计实践中考虑如何组织空间，设计好界面、色彩和光照，处理好室内环境各要素。

任务导入

根据所给平面图及业主要求，分组实施设计项目，完成空间方案设计（图2-8-1）。

业主要求：（1）增加一个房间作为书房兼顾客卧。

（2）希望增加全屋的有效储藏空间。

（3）现餐厅远离厨房且空间拥挤，希望得到较为舒适的餐厨空间。

（4）使整个空间的动线合理。

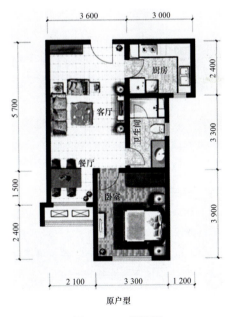

原户型

图2-8-1 平面图

知识导航

环境心理学的研究是以心理学的方法来对环境进行探讨，在人与环境之间以人为本，从人的心理特征的角度出发来考虑研究环境问题，从而使人们对人与环境的关系、对怎样创造室内人工环境，都产生新的更为深刻的认识。通过本任务的学习,要求学生能够在室内设计中始终秉持"设计从人的感受出发",考虑如何组织空间,设计好界面、色彩和光照,处理好室内环境各要素,使设计出的室内环境符合人们的行为特点,能够与人们的心愿相符合。

【探讨】从一般的家居生活来看,有哪些部分是与环境心理学所探讨的东西有关呢?为什么在不同的环境,人会表现出不同的表情、不同的情绪呢?

环境心理学是一门研究环境与人相互之间关系的人文科学。环境的改变会影响到情绪,因此,作为一名室内设计者应该对环境心理学有所涉猎。

2.8.1 环境心理学的含义与基本研究内容

环境心理学作为一门新兴的学科是研究环境与人类行为之间相互联系并相互作用的学科,它重视不同人群处在不同人工环境中的心理倾向,将人类如何选择环境与如何营造环境相结合,着重于"环境与人类行为之间的本质联系,运用心理学基本理论与概念来研究人类生存在城市、建筑与室内中的各类活动及人类对这些环境的心理反应,由此反馈到室内设计中并以此改善人类生活环境。"从心理学和行为的角度,探讨人与环境的最优化关系,即怎样的环境是最符合人们心愿的(图2-8-2)。

图 2-8-2 现代、轻松、自由的会客空间

环境心理学重视生活在人工环境中的人们的心理倾向问题,着重对下列问题进行研究:

(1)环境和人类行为的关系。
(2)人类对环境的认知和理解。
(3)人类对环境和空间的利用。
(4)在特定环境中人的行为和感觉。

就室内设计而言,在考虑如何组织空间,设计好界面、色彩和光照,处理好室内环境各要素的时候,就必须要注意上述各项问题,使设计出的室内环境符合人们的行为特点,能够与人们的心愿相符。

2.8.2 室内环境中人的心理与行为

1. 个人空间、领域性与人际距离

(1)个人空间:研究者们普遍认为,个人空间像一个围绕着人体的看不见的气泡,这一气泡会随着人体的移动而移动,依据个人所意识到的不同情境而胀缩,是个人心理上所需要的最小的空间范围,他人对这一空间的侵犯与干扰会引起个人的焦虑与不安。

(2)领域性:领域性是个人或群体为满足某种需要,拥有或占用一个场所或一个区域,并对其加以人格化和防卫的行为模式。

(3)人际距离:根据人际关系的密切程度、行为特征来确定人际距离的不同层次,将其分为密切距离、个人距离、社会距离和公众距离四大类(见表2-8-1)。

在每种距离中,根据不同的行为性质再分为近区与远区。由于受到不同民族、宗教信仰、性别职业和文化程度等因素的影响,人际距离的表现也会有些差异。

表 2-8-1 人际距离和行为特征　　　　　　　　　　　　　　　　　　cm

人际距离	行为特征
密切距离（0~44）	0~15，亲密、嗅觉、辐射热有感觉； 15~45，可与对方挽臂执手，或促膝谈心。在同性别的人之间，只限于贴心朋友
个体距离（46~122）	人际间隔上稍有分寸感的距离，较少直接的身体接触
社会距离（120~370）	超出了亲密或熟人的人际关系，而是体现出一种公事上或礼节上的较正式关系
公众距离（370~760）	370~760，自然语音的讲课，小型报告会；>760，借助姿势和扩音器的讲演

2. 私密性与尽端趋势

私密性是作为个体的人类对空间最基本的要求，只有维持个人的私密性，才能保证单体的完整个性，它表达了个体的人类对生活的一种心理概念，是作为个体的人类被尊重、有自由的基本表现。私密性空间是通过一系列外界物质环境所限定、巩固心理环境个性的独立的室内空间。

为了保护自身的私密性，人在公共空间中总会趋向尽端区域。所谓尽端，是指在空间中人流较少且安全有一定依托的地方，通常表现为室内靠墙的座位、靠边的区域等。在参观、就餐、座位选择中，就经常会出现尽端趋势。而在居住空间中，尽端趋势常体现在入户（玄关）—— 开放空间（餐、客厅）—— 私密空间（卧室）的动线布置。

3. 依托的安全感

在空间环境中，人类需要能够占有并控制一定的空间。心理学家认为：空间不仅为人类提供心理上的安全感并便于沟通信息，还显示了空间占有者的身份与对权利的象征。所以空间作为室内环境的属性之一是极其重要的。室内环境设计过程中要尊重人类的个人空间，使处在空间环境中的人类获得心理上的稳定感和安全感。

从心理感受上来说，室内空间并不是越开阔、越宽广越好，人们通常在室内空间中更愿意靠近能让人感觉有所"依托"的物体。

2.8.3　环境心理学在室内空间设计中的运用

1. 色彩在心理环境中的运用

颜色能影响人的温度知觉、空间知觉甚至情绪。色彩的冷暖感起源于人类对自然界某些事物的心理联想。源于各种色彩的彩度、明度的不同，还能在人类心理上产生不同的空间感和前进、后退、凸出、凹进的效果。明度高的暖色有突出、前进的感觉，明度低的冷色有凹进、远离的感觉。色彩的明度和纯度也会影响到人类的情绪。明亮的暖色给人活泼感，深暗色给人忧郁感。在室内空间设计中正确地应用色彩美学，有助于改善人类自身居住条件。

2. 材料在心理环境中的运用

艺术材质的选用，是室内空间分隔设计中直接关系到使用效果和经济效益的重要环节。对于室内空间的饰面材料，同时，具有使用功能和人类的心理感受两个方面的要求。对材质的选择不仅要充分考虑室内的视觉感官效果，还应注意人类通过触摸所产生的直观感受和美感。在创造空间时应对表层选材和处理特别重视，强调素材的肌理，暗示动能性。这种过滤的空间效果具有冷静的、光滑的视觉表层性，它牵动人类的情思，使生活在其中的人类具有潜在的怀旧与联想，回归自然的情绪得到补偿。

3. 光与影在心理环境中的运用

就人类视觉来说，没有光就没有一切。空间通过光得以体现，没有光就没有空间。现代室内光环境的设计中，光不仅起到照明的作用，而且是界定空间、分割空间并改变室内空间气氛的重要手段之一。同时，光还能表现一定的装饰内容、空间格调和文化底蕴，趋向于实用性及文化性的有机结合，成为现代装饰环境的一个重要因素。光可以形成空间、改变空间或破坏空间，它能直接影响到物体、空间的大小、形状、质地和色彩的感知。光和影的衬托给人类提供了愉悦的视觉刺激，是营造室内气氛与创造意境的"特殊材料"。室内的空间是固定的，而光线、色彩与材质上是可以灵活运用的。而通过光线、色彩、声与材质上的巧妙运用就可以塑造出富于变化的空间环境。总之，现代室内设计能够将环境中的光、色、质巧妙融为整体，赋予人类以舒适的心理感受。

【案例分析1】本案例是专为一位14岁的女孩设计的小屋，设计师设计了一个多功能"盒"，包括一个紧凑型的储藏系统：衣橱、抽屉柜、书架、存放织物和大块物件的抽屉，以及一个供睡眠的床（图2-8-3～图2-8-5）。

图2-8-3　"盒"的各功能组成部分

图2-8-4　书柜、床、床下收纳

图2-8-5　可利用的收纳空间

设计师在床对面的墙上设计了一块多功能墙面，可当作镜子和屏幕。当滑动镶板滑到一端时，可以看到一块黑板；滑到另一端时，可以看到一面镜子；位于中间时，可以当作投影仪的屏幕（图2-8-6、图2-8-7）。

图2-8-6　多功能墙面

图2-8-7　镜子、黑板与屏幕的多功能墙面

【案例分析2】 40 ㎡高危老公房变身无障碍之家，还将舞台装了进去。

在河南省平顶山市有一对双胞胎：楚楚和俏俏，她们是全国有名的拉丁姐妹花，节目上欢笑颜颜，屡夺荣耀，光环背后，家里的种种困难，却让她们经常受挫。

建造于20世纪80年代，属于典型的厂区家属楼，40 ㎡的家包括客厅、次卧、厨房、厕所、主卧及阳台，狭窄的空间不仅不能满足姐妹两人练舞的需求，更处处藏有安全隐患，不及时处理后果不堪设想。家里更有一个几乎失明的父亲，生活设施非常不方便（图2-8-8、图2-8-9）。

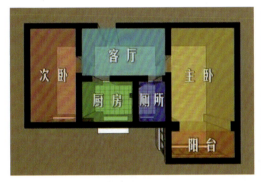

图2-8-8　原户型功能区分析

图2-8-9　方案所处环境

原有问题：客厅拥挤，承载多项功能；家中没有练舞的设备；居住空间不足，姐妹得不到休息；空间规划不合理，取物易造成人身伤害；洗手间干湿不分离、结构规划不合理，使用有困难；其他问题。

解决过程：为了能更好地体验父亲在家里实际生活的感受，设计师决定带上眼罩体验在没有视觉的情况下，如何在房间里活动。为了能更细致地了解楚俏一家平时生活中的问题，设计师特意在房间里安装了一套监控系统，准备仔细了解楚俏家里的24小时的生活情况。

（1）平面改造：父母房与女儿房互调，最私密的空间留给父母，而女儿参赛、教课的时候，空间可以拥有更多的功能（图2-8-10、图2-8-11）。

图2-8-10　空间功能分析

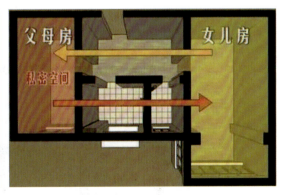

图2-8-11　调整方案

（2）灯光改造：利用业主父亲对光线的敏感性，设计了起伏的光源为他定位（图2-8-12、图2-8-13）。

（3）无障碍设计：隐形扶手（图2-8-14）、弹开式柜门（图2-8-15）、电器智能化改造（图2-8-16）、电动升降晾衣架（图2-8-17）、抗污性涂料（图2-8-18）、防震垫及防滑地板（2-8-19）。

改造后的平面布置图如图2-8-20所示。

图 2-8-12 局部光源

图 2-8-13 整体照明

图 2-8-14 隐形扶手

图 2-8-15 弹开式柜门

图 2-8-16 电器智能化改造

图 2-8-17 电动升降晾衣架

图 2-8-18 抗污性涂料

图 2-8-19 防震垫及防滑地板

图 2-8-20 改造后的平面布置图

(4)改造后的客厅实景(图2-8-21~图2-8-24):白色、原木色搭配而成的客厅,让整个空间显得更加简洁、宽敞。镶嵌在墙壁内的扶手,既方便父亲平时通行,也与整个装修风格融为一体。厨房和厕所的门被改成磨砂玻璃,将室外的光线引入客厅。客厅的餐桌,可以根据一家人吃饭、跳舞的不同需求自由变化位置,下方也设置了大量的储物空间。

图 2-8-21 餐客厅局部

图 2-8-22 餐客

图 2-8-23 隐形扶手

图 2-8-24 可变形餐桌

(5)厨房改造(图2-8-25~图2-8-29):厨房被彻底重新改造,整体式橱柜的设计增加了大量的储物空间。洗衣机被改到了操作台的下方,再也不会阻挡通行。灶台特意使用了电磁炉、燃气炉的双重设计,燃气炉方便日常使用,电磁炉给父亲做菜时使用,更加安全。灶台下方的储物空间,特意增加了可调节的调料格,可以将所有调料都有序摆放,方便父亲记忆。

图 2-8-25 厨房改造前后对比

图 2-8-26 改造后

图 2-8-27 功能细化

图 2-8-28　电磁炉灶台　　　　图 2-8-29　充分利用空间做收纳

（6）洗手间改造（图 2-8-30、图 2-8-31）：洗手间的入口被改成平开门，原本折叠门夹手的情况不会再出现。特意设计的入墙式马桶省出了空间，使得出入也更为方便。马桶的开关被改造到墙壁的侧面，让父亲在上厕所时不用回身按动开关，只需抬手就能触摸到。与毛巾架合为一体的暖气片，既不妨碍通行，也节约了空间。洗手台采用柱盆的设计，不占用淋浴的空间，在小空间内也做到了干湿分离，同时，也能为父亲上厕所提供扶手的功能。防腐木、折叠凳的无障碍设计，让父亲在淋浴室不用担心被挡水条绊倒，平时也能坐下来舒舒服服地冲澡。

图 2-8-30　洗手间改造　　　　图 2-8-31　简化如厕动线

（7）卧室改造（图 2-8-32 ~ 图 2-8-34）：原本两姐妹的卧室被改为父母的卧室，床下设置了大量的空间方便储物，另一侧也有整面的柜体提供了大量的储物空间，柜体的顶部空间增设了液压杆用来挂衣服，下层空间则作为储藏换季衣物的空间，这样母亲再也不用爬梯子取东西了。整面的置物架留出了大量的空间让业主自由摆放喜欢的物品，藏在桌子下方的暖气也不会占用空间，同时，设计师还在暖气片的下方增设了防止家居变形的热源反射材料。

图 2-8-32　父母卧室　　　　图 2-8-33　增加储物空间　　　　图 2-8-34　置物架桌面下暖气片

（8）多功能室改造（图 2-8-35 ~ 图 2-8-38）：家里最大的房间被作为多功能室，入口处的左边设置姐妹俩的高低床，相互交错的设计既保留了相对隐私也不会让床铺显得过于压抑。折叠沙发可以打开作为平时休憩看电视使用，姐妹俩需要跳舞时可以收折让出空间。电视墙打造成整体衣柜，全方位都预留了储藏空间。家人都喜欢的阳台被改造成了榻榻米的形式，下方空间可以活动打开。针对多功能房的灯光，分别可以设置为睡觉模式、客厅模式、舞蹈模式，让同一种空间有了多种变化。

图 2-8-35 多功能室

图 2-8-36 高低床

图 2-8-37 榻榻米

图 2-8-38 多种模式

装修总预算共 10.6 万，其中硬装 3.3 万，家具 2.75 万，软装 8 000 元，人工费 2.97 万，电器 7 800 元。（资料出自《梦想改造家》）

在物质文明高度发展的今天，环境意识逐渐被人类所重视。原先仅能满足于实用的居住条件已远远不能适应当今时代的需求，特别是现代人生活水平和文化素质的提高，使其对如何营造舒适安逸的生活空间提出了更高层次的要求。现代人通过室内设计营造出美好的生活空间，提升了生活质量，成为体现现代人生活质量的基本要求之一。一名优秀的设计师不仅要从色彩、造型、材料和总体预算上为客户考虑，更要在如何把握环境心理及以此指导室内设计上下功夫，将人类感官上的诸多因素融汇到设计中，使设计符合人类的行为模式和心理特征，满足不同使用者的个性与环境的相互协调，才能更好地创造出适合人类生存和发展的和谐环境。

任务操作

完成任务导入图纸中的空间平面布置，在使设计符合业主要求的同时，综合考虑处理好室内环境各要素的表现手段，使方案完整、实用、美观，并能对住户的行为产生积极的引导作用。

扬帆起航

想一想：思考案例 2 中的整个空间功能分区和动线，归纳居住空间的平面设计要点。

练一练：（1）完成空间平面布置图。

（2）完成各个空间的主要立面图，并配置文字说明设计意图和方法。

PROJECT THREE

项目 3　居住空间功能分区

项目介绍

居住空间功能分区

居住空间的功能包括物质功能和精神功能。物质功能是使用上的要求，精神功能是在物质功能的基础上，在满足物质需求的同时，从人的文化、心理需求出发，使人们获得精神上的满足和美的享受。居住空间平面设计按功能划分，可分为公共活动空间、私密活动空间和家务活动空间三种功能空间。通过本项目的学习，要求学生掌握不同功能空间的设计特点，能对居住空间进行准确的平面布局设计，并能处理各功能空间的联系与分隔。引导学生坚持"以人为本"的设计初心，从人的需求出发规划室内布局，发挥设计之力，坚持创造性转化、创新性发展，进而感受和思考设计师的职责与使命，培养民族自豪感和家国情怀。

任务 3.1　居住空间的平面功能分析

- ◆ **建议学时**：理论课时：2课时，实训课时：6课时。
- ◆ **学习目标**：通过讲述理论知识与案例分析，了解建筑空间和室内空间的关系，掌握居住空间的平面功能布局和动线设计的方法。
- ◆ **学习重点**：重点掌握居住空间的平面功能布局设计，能对各类户型进行准确的功能分析和设计。
- ◆ **学习难点**：理解居住空间动线组织，其合理性将直接关系到各个空间之间的功能组合关系，能够合理规划动线。

任务导入

功能分析是对建筑空间或环境所提出的基本要求的分析。其主要体现在合理的功能分区和明确的流线组织方面，同时，兼顾采光、通风、朝向等方面。居住空间的室内环境，空间的结构划分已经确定，除厨房和卫浴空间，由于有固定安装的管道和设施，它们的位置已经确定外，其余房间的使用功能，或一个房间内功能区域的划分，需要以居住空间内部使用的方便合理作为依据。

布置任务：

设计背景：业主为五口之家，两位老人，事业单位退休，喜欢养花弄草，两位中年人，在事业单位工作，女主人喜欢旅游，男主人喜欢看书，一个读幼儿园的男孩，活泼好动，喜欢搭建类的游戏。业主喜欢北欧的简约风格，原木的色调，希望灵活调整的空间尽量多，能满足收纳需求。根据所给建筑原始平面图（图3-1-1），完成该业主家的居住空间平面布局设计，要求布局合理，功能完整。

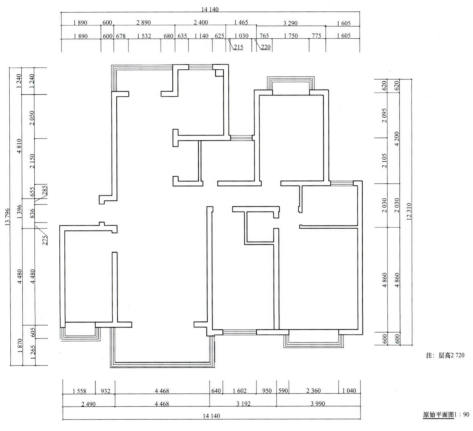

图 3-1-1　原始平面图

知识导航

3.1.1　居住空间平面功能分析和布局

居住空间平面布局设计是根据不同的功能需求，以及住宅空间的类型、使用性质和实用功能，采用一定的设计手法进行的空间再创造活动。居住空间设计的平面功能关系，主要体现在平面图上，是以空间设计功能为中心，形成住宅室内所有部分的统一设计。

居住空间的基本功能包括睡眠、休息、饮食、盥洗、家庭团聚、会客、视听、娱乐、学习、工作及收纳等，这些功能相对地又具有动—静、外向—私密等不同特点。

居住空间内部按功能的不同划分，可分为玄关、客厅、餐厅、厨房、书房、卫浴、卧室、阳台等空间，根据人们在居住空间内的活动特点，这些功能空间又可分为公共活动空间、私密活动空间和家务活动空间。如玄关、客厅、餐厅等空间属于公共活动空间，人员活动比较频繁，也属于动态空间，具有外向的特点；书房、卧室、卫浴等空间属于私密活动空间，人员活动相对比较安静，也属于静态空间，具有隐秘的特点；厨房、收纳间等空间属于家务活动空间，使用频率高，电器设备多，功能性要求多，属于动态空间。

3.1.2　居住空间动线分析

居住空间动线也称为流线，是指人们在室内空间的活动路线。其是根据人的行为方式将一定的空间组织起来，通过流线设计分割空间，从而达到划分不同功能空间的目的。居住空间动线组织的合理性将直接关系到各个空间之间的功能组合关系。居住空间动线组织应该遵循动静隔离、空间流畅的基本原则。一般来说，居住空间的流线可分为家务流线、家人流线和访客流线，三条流线避免交叉。

1. 家务流线

家务流线主要体现在厨房的动线设计及洗衣、晒衣等日常的家务上。除尊重和符合使用者的劳动习惯外，还应充分考虑动线组合，以保证使用者在使用过程中的流畅、方便和舒适，提高工作效率，并能满足审美和精神上的需求，提高生活品质。

2. 家人流线

家人流线主要存在于卧室、卫生间、书房等私密性较强的空间。家人流线要充分尊重主人的生活格调，满足主人的生活习惯，保证家人流线的私密性。

3. 访客流线

访客流线主要是指客人由门厅进入客厅、餐厅、客卫的行动路线。访客流线应尽量不与家人流线和家务流线交叉，避免客人来访时造成冲突，出现不必要的尴尬，或者影响到家人的休息或工作。

居住空间平面布局与交通流线的处理，应遵循以全家活动为中心的原则，对各种特定用途的空间关系进行合理安排，把握交通流线，实现主次分离、食宿分离、动静分离，各空间之间交通顺畅，尽量减少相互穿行干扰，并合理安排设备、设施和家具，保证稳定的布置格局。确保各个功能空间具有良好的空间尺度和视觉效果，功能明确，各得其所。

◎ 任务操作

平面分析及设计：

平面布置图（图3-1-2）是居住空间设计的重中之重。本案例是四室两厅一厨两卫带南北两个阳台的户型，四个房间分别设计为主卧、老人房、儿童房和书房，北阳台设计为生活阳台，容纳洗衣机、洗衣池及收纳柜，南阳台设计为休闲阳台，配置休闲桌椅和绿色植物。入户就可以看到长长的走廊，因此在进门的地方设置了半通透的玄关柜，既起到了一定的遮挡作用，也增加了收纳空间；对餐厅里的凹入空间进行了重新划分，分别划给厨房用来放置冰箱，划给卫生间用来放置洗手池，剩下的空间用来放置酒柜，这样既增加了厨房和卫生间的使用空间，也保留了部分的收纳空间；客厅中将书房的门做成隐形门，形成背景墙；将主卧的衣帽间墙拆掉，空间划分给了儿童房，增加了儿童游戏学习的空间。

在平面布置图中，私密区和公共区（图3-1-3）、动态区和静态区（图3-1-4）之间互不干扰，功能分区明确，动线合理（图3-1-5~图3-1-7）。

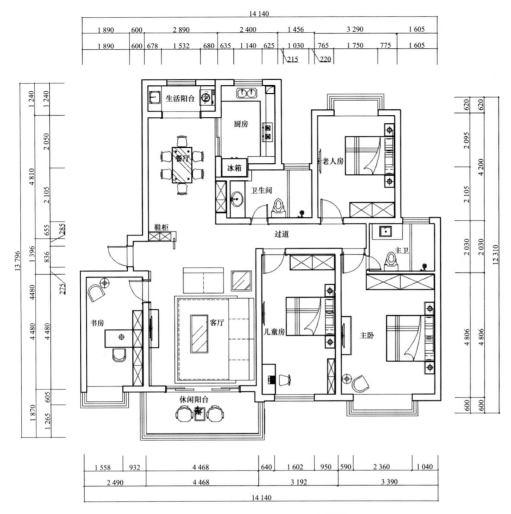

图 3-1-2　平面布置图

图 3-1-3　私密区域和公共区域　　　　图 3-1-4　动态区域和静态区域

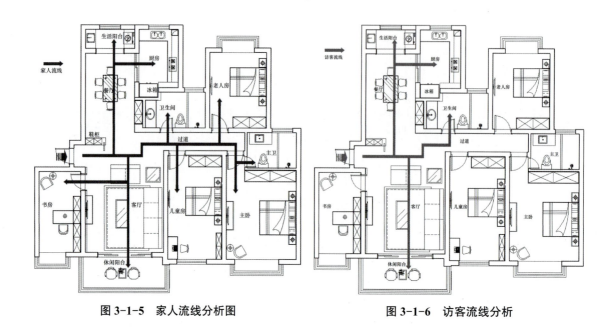

图 3-1-5 家人流线分析图　　　　图 3-1-6 访客流线分析

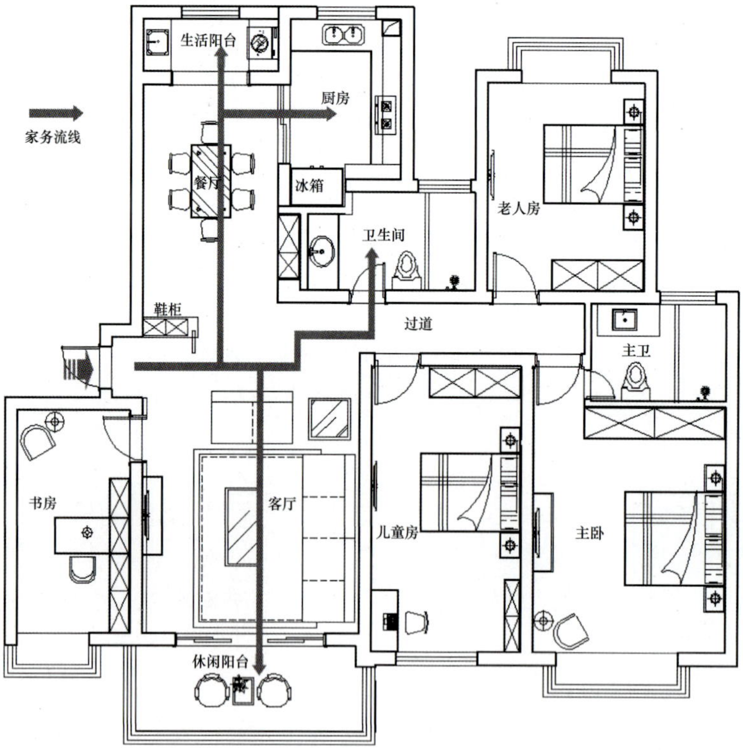

图 3-1-7 家务流线分析图

扬帆起航

想一想：(1) 分组讨论建筑空间和室内空间的关系，并记录各种居住空间室内的尺寸数据。

(2) 分组讨论图 3-1-8 所示的居住空间的功能分区。

练一练：完成图 3-1-8 所示的居住空间平面布局设计图，以手绘方案图的形式表现。

要求：使用黑色针管笔，分线型加彩色铅笔淡彩效果；按合适的比例绘制在 A3 图纸内。

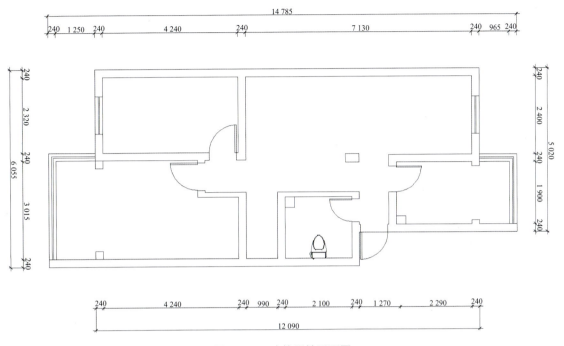

图 3-1-8　建筑原始平面图

任务 3.2　公共活动空间设计

- **建议学时**：理论课时：4 课时，实训课时：8 课时。
- **学习目标**：通过讲述理论知识与案例分析，使学生了解公共活动空间的功能特点，包含玄关、客厅、餐厅等，通过设计实践掌握公共活动空间的设计方法。
- **学习重点**：重点掌握公共活动空间的功能特征。
- **学习难点**：理解公共活动空间的设计要点，通过实践掌握公共活动空间的设计方法和步骤。

任务导入

设计背景：业主为一对新婚夫妇，男主人自主创业，女主人是服装设计师，两个人都喜欢旅游，喜欢运动。女主人喜欢法式小清新的感觉，希望有一个比较大的卧室，可以同时满足休息和工作互不干扰的要求。两人平时很少在家做饭，偶尔家里的老人会来小住。根据所给建筑平面图（图 3-2-1），完成该业主家的公共活动空间的平面布局设计，要求布局合理，功能完整。

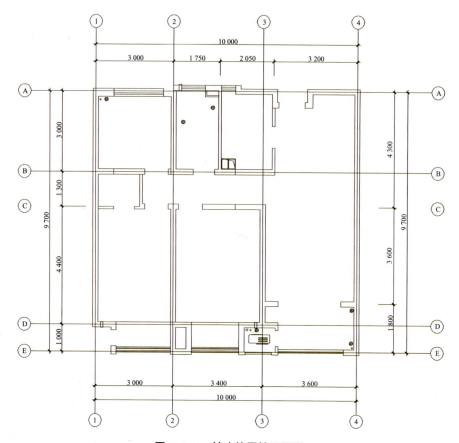

图 3-2-1　某建筑原始平面图

图 3-2-2　具备隔断性功能的玄关

知识导航

3.2.1　玄关设计

1. 玄关的功能布局

玄关也称门厅，既是居住空间的入口区域，也是室内外空间起过渡作用的灰空间。《辞海》中解释，玄关是指佛教的入道之门，演变到后来，泛指厅堂的外门。中式传统民宅推门而见的"影壁"（或称照壁），就是现代居住空间中玄关的前身，使外人不能直接看到室内人的活动，在为来客指引了方向的同时，也给主人一种领域感。

在居住空间中玄关面积虽小，但是进出住宅的必经之处，使用频率较高，玄关的设计应注重实用和氛围的营造，玄关一般具备隔断性、装饰性和收纳性三种功能。

（1）隔断性功能是指通过对内部空间的遮挡，起到视觉缓冲的作用，形成视觉和心理上的过渡，避免客人一进门就对整个居室一览无余（图3-2-2）。

（2）装饰性功能是指玄关应是整体设计构思的集中体现，是客人进门产生第一印象的空间（图3-2-3）。

（3）收纳性功能是指玄关应具有衣帽、雨具、鞋包、钥匙等小物件的存放功能，为方便这些物品的收纳和整理衣装，可以布置衣架、鞋柜、储物柜、小坐凳、更衣镜等家具（图3-2-4）。

2. 玄关的界面设计

玄关的设计力求整体简洁。玄关的顶面一般不宜太高，吊顶部分应相对低一些，令居住空间高度相对有错落变化；吊顶中心位置可设置灯具，让玄关明亮起来。

玄关的地面造型与顶面要相互呼应，材料常采用耐用、美观、易清洁的瓷砖或大理石等材料做拼花，在处理与客厅相连的玄关地面时应注意与客厅空间的区别和衔接。

玄关墙面可以选择乳胶漆、墙纸等材料。可设置玄关柜，便于更衣换鞋，也可在适当的位置镶嵌一面镜子，出入门时可整理仪表。玄关如设置隔断，可以采用玻璃半通透隔断、列柱隔断等形式（图3-2-5）。

图 3-2-3 具备装饰性功能的玄关

图 3-2-4 具备收纳性功能的玄关

图 3-2-5 玄关中半通透隔断

3. 玄关的色彩设计

玄关与客厅的关系密切，各界面在色彩设计上，应与客厅的风格色调相统一。因空间较狭窄，相对比较封闭，宜选择低纯度、低彩度的颜色让空间在心理上得到伸展。

4. 玄关的照明设计

玄关是进入居室内部给人以最初印象的地方，因此玄关照明设计应大方、庄重，以拓展、美化空间效果为目的，要有足够的照度，避免给人暗沉的感觉。在灯具的形式上，可选择适宜的吊灯或吸顶灯为主灯，辅助射灯、壁灯、荧光灯、反光灯槽等点线状光源，在光色上以简洁的模拟日光为宜，可以偏暖，营造温馨感。另外，灯光效果要有重点，在保证照度的同时使空间富有层次（图3-2-6、图3-2-7）。

图 3-2-6 玄关的照明（一）

图 3-2-7 玄关的照明（二）

5. 玄关的人体工程学

（1）玄关柜。玄关柜一般不宜过宽，兼顾考虑鞋子的尺寸，宽度约为 450 mm，长度根据玄关尺度确定，高度为 900~1 150 mm，放鞋子的柜子内部可考虑活动层板，方便冬天长靴的收纳，以满足日常穿的鞋子、出门穿的外套、包包、雨伞等物件的收纳。

（2）换鞋凳。换鞋凳一般与玄关柜相连，与玄关柜同宽，高度为 300~400 mm，柜体可以收纳鞋子。

6. 玄关设计注意事项

（1）保持室内私密性。玄关既是入门处的一块视觉屏障，避免外人一进门就对整个居室一览无余；同时，也是家人进出门时停留的回旋空间。玄关的设立应充分考虑与整体空间的呼应关系，使玄关区域与会客区域有很好的结合性和过渡性，应让人有足够的活动空间。玄关可以综合运用多种元素来体现不同的装饰风格，但要注意与客厅分清主次，避免喧宾夺主。

（2）方便出入放置物品。玄关应充分考虑到其设置的储藏功能性，如换鞋、放伞、放置随身小物件等，有些纯属观赏性的玄关除外。

（3）透而不露。玄关设计应尽量做到遮而不死，即视觉上应感到通透，切勿让人感到压抑。

（4）要起到装饰作用。玄关应是整个家居空间中极具品味的地方之一，应力求突出表现。玄关的设计切勿繁杂，应以简洁、明快的手法来体现一个家居的特征。

（5）材料要简洁、明快。材料和色彩运用应尽量做到单纯统一，给人的感觉要自然而轻松。

另外，在进行玄关设计时，应服从使用和空间上的需要，视每个家庭实际面积和需求而定。并不是每个家庭都能做出非常完整的玄关，有时仅仅在玄关处放上一张柔软的垫子、摆一个换鞋的凳子就起到玄关的作用了。

3.2.2 客厅设计

1. 客厅的功能布局

客厅是一个多功能的公共空间，是家庭生活的活动中心，担负着家庭成员聚会、休闲、阅读、娱乐、会客、视听等多种功能，同时，也是各个功能空间的交通集散点，根据家庭的面积标准，有时兼有用餐、工作、学习，甚至局部设置兼具坐卧功能的家具等，是使用频率最高的核心空间。另外，其在室内造型风格、环境氛围等方面也常起到主导作用。

客厅的平面功能布局，基本上可分为聚会会客区、视听区和阅读区等。聚会会客区是客厅的核心功能区，一般由一组沙发或座椅配置茶几组成交流空间；视听区也是客厅的中心，视听娱乐是人们生活中不可缺少的组成部分，电视机的距离高度与沙发座椅的位置有密切的关系，音响效果与音箱的摆设位置及空间布局形式同样密切相关；客厅中的阅读区一般是休闲性的，设置在光线良好并较安静的角落，可以配置小型书架、扶手椅、靠枕、台灯或落地灯、小茶几等。另外，客厅作为联系入口和各类房间之间的交通面积，应尽可能使视听区、休闲活动区不被穿过。

2. 客厅的界面设计

客厅顶面如果层高不高，面积不大时不宜做复杂的装饰造型，以简洁平整为主，可于墙面交接处钉上石膏或木质顶角线，也可采用局部吊顶的手法（图 3-2-8），对层高较高、面积较大的客厅，为使房间不显单调，顶面可用石膏板、木饰面、木线条等适当加以造型处理（图 3-2-9）。

客厅的地面可用实木地板、复合地板或地砖。地砖易清洁，但质硬，热传导系数大，冬季长时间与腿脚接触会感到不适，可于地砖面上局部铺设地毡或地毯，以改善其性能（图 3-2-10）。

客厅墙面可使用乳胶漆、墙纸或木饰面，根据室内造型风格需要，也可以在局部墙面使用文化石、砖等硬质材料，视听背景墙是装饰的重点，靠沙发的墙面可以通过简单的造型或挂装饰画来装饰墙面。

图 3-2-8　客厅的设计（一）

图 3-2-9　客厅的设计（二）

图 3-2-10　客厅中地毯的运用

3. 客厅的色彩设计

客厅的色彩设计要协调，让客厅充满生气。顶面的色彩宜轻不宜重，空间根据整体风格来统一色调。客厅的家具、布艺和界面可以是暖色调（图 3-2-11），可以是冷色调（图 3-2-12），也可以是对比色调（图 3-2-13），还可以是同类色调（图 3-2-14）。

图 3-2-11　暖色调客厅

图 3-2-12　冷色调客厅

图 3-2-13　对比色调客厅

图 3-2-14　同类色调客厅

4. 客厅的照明设计

客厅的照明设计可整体用泛光灯，局部用壁灯或落地灯的组合照明方式。如设置主灯具可选用有个性的吊灯或吸顶灯，沙发座椅边可设置落地灯，较为宽敞的客厅也可适当设置壁灯，可以利用暖色灯光或中性灯光营造温暖或明亮的空间氛围。

5. 客厅的人体工程学

（1）沙发常用尺寸，如图 3-2-15、图 3-2-16 所示。

（2）可通行尺寸，如图 3-2-17 所示。

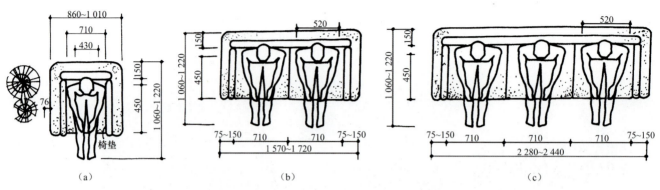

图 3-2-15 单人、双人、三人沙发的常规尺寸
(a) 单人沙发;(b) 双人沙发;(c) 三人沙发

图 3-2-16 带有搁脚的躺椅尺寸(男性和女性)

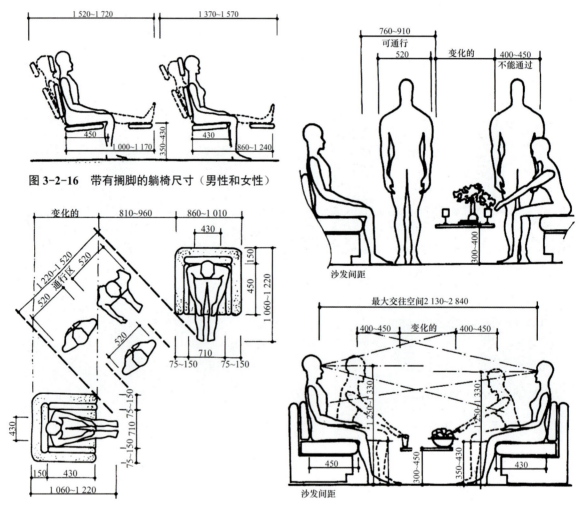

图 3-2-17 可通行尺寸

6.客厅设计注意事项

(1)以一种功能区为主。客厅包含多种功能区,但其中要有一个为主的区域,客厅一般以会客、视听为主体,辅以其他区域而形成主次分明的空间布局。

(2)会客区与交通区要分开。客厅的整体布局应将会客区和交通区分开,既要保持会客、视听区的完整，又要保持与其他空间的交通流线的通畅。

（3）家具陈设配置要与装饰风格相协调。家具陈设的配置应能对整体氛围进行烘托，家具风格的选择，在一定程度上决定了室内设计的整体风格。

3.2.3 餐厅设计

1. 餐厅的功能布局

餐厅是家人日常进餐的主要场所，也是宴请亲友的活动空间。餐厅的位置应该靠近厨房，设置在厨房与起居室之间是最理想的，交通路线便捷，便于上菜和收拾整理餐具。餐厅的开放或封闭程度是由可用房间的数目和家庭的生活方式决定的。

餐厅的设置方式主要有独立餐厅（图3-2-18）、客厅兼餐厅（图3-2-19）、厨房兼餐厅（图3-2-20）三种。独立餐厅为营造出特殊的就餐气氛，在表现形式上可以自由表现，但在空间的灵活性上相对较差；客厅兼餐厅或厨房兼餐厅时，只需要在空间布置上具有一定独立性就可以，不必做硬性的分隔，餐厅的设计风格应与其所在区域的风格相统一。独立餐厅多见于宽敞的住宅，如别墅，厨房兼餐厅多出现于面积较小的住宅，目前最常见的是餐厅位于厨房与客厅之间，利用玄关或隔断，形成相对独立的就餐空间。

图 3-2-18　独立餐厅　　　图 3-2-19　客厅兼餐厅　　　图 3-2-20　厨房兼餐厅

在家具配置上，就餐的餐桌与餐椅是必不可少的，根据用餐区域的大小与形状、日常进餐的人数及用餐习惯，同时考虑宴请宾客的需要，来选择尺度适宜的家具。餐桌的位置可根据空间的大小放于空间的中间或靠一侧墙放置，形式上一般采用长方形、正方形、圆形或椭圆形的餐桌，在空间有限的地方，圆形或椭圆形的桌子比相同外径的方桌或长桌更便于就座，空间会更大一些。在面积不足的情况下，可以采用折叠式桌椅，以增强在使用上的机动性。餐椅的造型与色彩要与餐桌相协调，并与整个餐厅格调一致（图3-2-21、图3-2-22）。

图 3-2-21　餐厅的家具配置（一）　　　图 3-2-22　餐厅的家具配置（二）

2. 餐厅的界面设计

餐厅的顶面设计可以是对称形式，也可以是非对称的自由形式。无论中餐还是西餐，无论圆桌还是方桌，就餐者总是围绕餐桌就座，形成了一个无形的中心环境，因此，顶面的造型构图无论是对称还是非对称，其几何中心都应形成整个餐厅的中轴，顶面的几何中心所对应的位置应是餐桌，这样有利于强调空间的秩序感。由于人的就餐活动所需的空间不用很高，设计上可以借助吊顶来丰富餐厅的空间形态。顶面的形态与照明形式，决定了整个就餐环境的氛围。顶面的形态除照明功能外，主要是为了创造就餐的环境气氛，因此，除灯具本身的装饰外，顶面材料可以多元化，如木饰面、金属饰面等，也可以悬挂一些垂幔进行装饰。

餐厅的地面处理，不但要考虑便于清洁的因素，同时还需要有一定的防水和防油污特性。可选择大理石、釉面砖、复合地板及实木地板等。地面的图案可与顶面呼应，均衡的、对称的、不规则的则可根据具体的情况灵活地设计。当然在地面材料的选择和图案的样式上，需要考虑与空间整体的协调统一。

对墙面的装饰处理关系到空间整体的协调性，在墙面上挂装饰画或制作艺术壁龛，对于面积小的餐厅空间可以在墙面上整体或局部安装镜面、玻璃以增大视觉空间效果。对于凸显个性的餐厅还可以在墙面的材质上，考虑利用不同肌理、质地的变化形成对比效果。如天然的木纹体现自然原始的气息，金属与皮革的搭配强调时尚的现代感，拉毛的或带规则纹理的水泥墙面表达出朴素的情感。只要富有创意，装饰的手法可以不限（图3-2-23、图3-2-24）。

图 3-2-23　餐厅的界面设计（一）

图 3-2-24　餐厅的界面设计（二）

3. 餐厅的色彩设计

餐厅最好使用明度和纯度较高的色彩，给人以温馨感，促进人的食欲。但是人们对色彩的认识和感知并不是长久不变的，人在不同的季节、不同心理状态，对同一种色彩都会产生不同的反应，这时人们可以利用其他手段来进行调整，如通过灯光的变化、餐巾餐具的变化、装饰花卉的变化、窗帘的变化等来调节（图3-2-25、图3-2-26）。

4. 餐厅的照明设计

人们用餐时往往非常强调幽雅环境的气氛营造，设计时更要注重灯光的调节及色彩的运用。

在照明方式上，一般采用天然采光和人工照明结合的方式。在人工照明的处理上，餐厅局部照明可采用悬挂式灯具，以突出餐桌的效果为目的。同时，还要设置一般照明，使整个房间有一定程度的明亮度，显示出清洁感。在厨房兼餐厅的情况下，最好选用设计得尽量富有功能性且造型简单的类型。顶部的吊灯作为主光源，可选用多头型或组合型灯具，以暖色光源为主，吊灯的大小是长方形餐桌长度的 1/3 左右（圆形餐桌大约是直径的一半），吊灯不能太低，以免影响目光交流或整理及铺设桌子时的活动空间。在空间允许的前提下，还可以在主光源周围布设一些低照度的辅助灯具或灯槽，丰富光线的层次，达到进餐所需的明亮、柔和、自然的照度要求，营造轻松愉快的用餐氛围（图3-2-27）。

图 3-2-25　餐厅的色彩设计（一）　图 3-2-26　餐厅的色彩设计（二）　　图 3-2-27　餐厅的照明设计

5. 餐厅的人体工程学

（1）餐桌椅尺寸。常用的餐桌尺寸是 760 mm×760 mm 的方桌和 1 070 mm×760 mm 的长方形桌。餐桌宽度的标准尺寸是 760 mm，不宜小于 700 mm；否则，人在入座时会因餐桌太窄而互相碰到。餐桌的高度一般为 730~760 mm，搭配 415 mm 高度的座椅（图 3-2-28）。

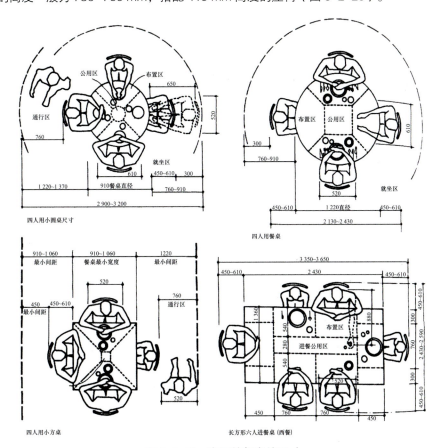

图 3-2-28　常用的餐桌椅尺寸

（2）就餐空间相关人体工程学。在一般小型居住空间中，如采用直径为1 200 mm的餐桌会过大，可采用一张直径为1 140 mm的圆桌，同样可坐8~9人，但空间就开敞很多。如果采用直径900 mm以上的餐桌，虽然可坐多人，但不宜摆放过多椅子，可以在需要时使用折叠椅。如果椅子可以伸入桌底，即使是很小的角落也可以放一张六人座位的餐桌，用餐时只需将餐桌拉出一些即可。餐椅太高或太低，吃饭时都会使人感到不舒适，餐椅高度一般以410 mm左右为宜。除家具本身的尺寸外，还要注意留出每个人所需的就餐空间（图3-2-29、图3-2-30）。

（3）酒柜尺寸，如图3-2-31所示。

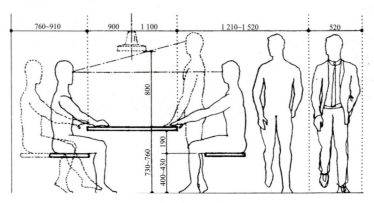

图3-2-29 就餐空间立面尺寸图（一）

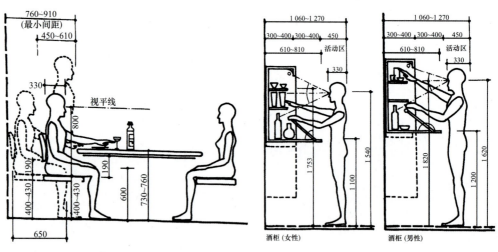

图3-2-30 就餐空间立面尺寸图（二）　　　　图3-2-31 酒柜尺寸

6. 餐厅设计注意事项

（1）餐厅必须靠近厨房。餐厅主要是满足就餐活动的需要，因此，就餐区的设置必须要靠近厨房，便于上菜和餐后整理餐桌。

（2）具有收纳功能。餐厅中还要配置相应的餐柜或酒柜以供存放或陈列餐具、酒具、饮料、餐巾纸等就餐辅助用品。另外，还可以考虑设置临时存放食品用具的空间。

3.2.4　走廊和楼梯设计

1. 走廊和楼梯的功能布局

走廊和楼梯在居住空间中属于室内交通空间，起到联系和组织空间的作用。走廊是空间之间水平方向的联系方式，是组织空间秩序的有效手段，在空间中具有引导性和暗示性（图 3-2-32）；楼梯是空间之间垂直的交通枢纽，是上下两个空间相联系的媒介，在空间中起到"承上启下"的作用，是居住空间中的视觉焦点（图 3-2-33、图 3-2-34）。

图 3-2-32　走廊

图 3-2-33　楼梯（一）

图 3-2-34　楼梯（二）

2. 走廊和楼梯的界面、色彩和灯光设计

走廊和楼梯作为交通空间，很少设置家具，因此，设计集中在几个界面的处理上，可以采用与其他区域不同的装饰手法。

走廊设计应尽量避免狭长感和沉闷感，在合理规划布局的基础上辅以视觉引导。走廊地面可以根据其他相邻空间地材选用瓷砖、石材或木地板，墙面可以通过挂装饰画等手法来削弱沉闷感，顶面可以采用不同色温的灯光，灯具可以根据实际情况选择筒灯或小型吊灯等（图 3-2-35、图 3-2-36）。

楼梯的形式有直跑式、旋转式、弧形式和异形式等。根据空间大小的不同，可以选择不同形式的楼梯。在设计时需要考虑楼梯的坡度、踏步板的宽度、梯级高度等，还要考虑到老人和孩子的尺度与安全性。楼梯的设计必须与整体风格协调一致，多种材质的组合比起单一的材料多一份情趣，如钢木组合、不锈钢与玻璃组合等；同时，栏杆的形式可以丰富多变，使楼梯成为空间中的亮点。另外，与楼梯整体装饰设计相关联的楼梯拐角装饰、楼梯下面空间的利用和美化，以及墙面处理、采光照明都是设计中不可忽视的方面。楼梯靠近踏步的墙面可以设置嵌入式灯具，为晚间上下楼梯提供照明，顶部通常都是一二层通高，可选用吊灯，以丰富空间的层次感和营造温馨的氛围（图 3-2-37~图 3-2-39）。

图 3-2-35　走廊的界面、色彩和灯光设计（一）

图 3-2-36　走廊的界面、色彩和灯光设计（二）

图 3-2-37　楼梯的界面、色彩和灯光设计（一）　　图 3-2-38　楼梯的界面、色彩和灯光设计（二）　　图 3-2-39　具有几何元素的楼梯间

3. 走廊和楼梯的人体工程学

（1）走廊。居室内的走廊，一方面要考虑人的行走；另一方面要考虑家具物品的搬移，一般宽度不小于 1 000 mm，高度根据实际层高进行设计，一般不应低于 2 400 mm。

（2）楼梯。楼梯踏步的尺寸一般应与人脚尺寸步幅相适应。踏步的尺寸包括高度和宽度，居室内的楼梯踏步宽度不小于 220 mm，舒适的宽度应为 280~300 mm；踏步高度为 16~20 mm，最经济适用的高度是 180 mm 左右。同一楼梯的各个梯段，其踏步的高度、宽度尺寸应该是相同的。螺旋楼梯和扇形踏步离内侧扶手中心 250 mm 处的踏步宽度不应小于 220 mm。

楼梯梯段的宽度应根据居室内预留楼梯空间确定，一般不小于 800 mm。

楼梯栏杆在高度和密度上都要符合安全要求，高度为 850~1 100 mm，两根围栏的中心距离不大于 125 mm，防止小孩摔倒掉下楼梯，或者小孩的头容易伸出去，造成危险。

安装好的楼梯踏板与墙面留设小于 20 mm 的间隙，以免损害墙面。

栏杆转弯处要处理好扶手的高度（图 3-2-40、图 3-2-41）。

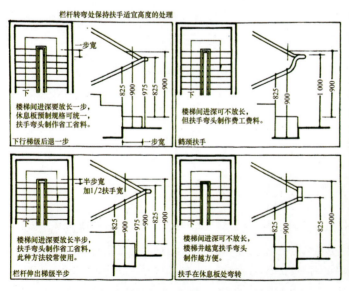

图 3-2-40　栏杆转弯处保持扶手适宜高度的处理（一）　　图 3-2-41　栏杆转弯处保持扶手适宜高度的处理（二）

3.2.5 阳台设计

1. 阳台的功能布局

阳台是室内与大自然沟通的场所，是室内与室外之间的一个过渡空间，无论是几十平方米的露台，还是只有几平方米的方寸之地，只要略花心思，栽种几盆花草或布置简单的设施，都可以成为呼吸新鲜空气、沐浴阳光、观景、纳凉、晾晒衣物的理想场所，给生活增添一份悠闲自得的情趣。

阳台根据其封闭程度，可分为封闭式和开放式。封闭式阳台可以改造成阳光房、阅读角等（图3-2-42）；开放式阳台强调与户外环境的融合，可养殖植物和花卉，使空间更有生气（图3-2-43）。

一般居住空间的阳台具有复合型功能，既是观景休闲的场所，又是晾晒收纳的空间，摆放简易、轻便的健身器材可以将其变为健身娱乐场所，设置少量的折叠家具又可供休闲和餐饮，但一切设施和空间安排都要从实用出发，面积比较小的阳台应以满足一种功能为主，避免安排不当造成堆放的物品过多，超过了设计承载能力而降低安全性，或堆放的物品过杂使打扫卫生变得困难。

图 3-2-42　封闭式阳台

2. 阳台的界面、色彩和灯光设计

阳台设计首先要做好防水和排水处理，由于阳台的采光较好，各界面多选用明快、淡雅的色彩，地面要选择防水材料，设计放置洗衣机的阳台，地面要有坡度，预留排水口；设置养殖水池、花池或清洁水池的阳台应着重考虑水池的排水系统和承重结构。阳台绿化的设置既要便于浇水养护，又要配置出层次感，使之具有内外、上下结合的多层次的观赏效果。阳台的顶面设计以简洁为主，可选用石膏板或木材为顶面材料，灯具以吸顶灯为主，也可结合阳台功能选择筒灯或小吊灯（图3-2-44、图3-2-45）。

图 3-2-43　开放式阳台

图 3-2-44　阳台界面、色彩和灯光设计（一）

图 3-2-45　阳台界面、色彩和灯光设计（二）

任务操作

方案设计及风格分析：

在平面布局上（图3-2-46），入户即进入餐厅区域，该区域近门处设置了收纳空间，满足玄关的功能需求，整个空间视线通透，流线通畅，可以直接看到客厅。根据业主的生活习惯，厨房设计成开敞式，与餐厅形成一个整体，厨房和餐厅之间设置岛台，在视觉上起到了分隔两个功能空间的作用；阳台和客厅之间增加了推拉门，形成单独的家务空间。

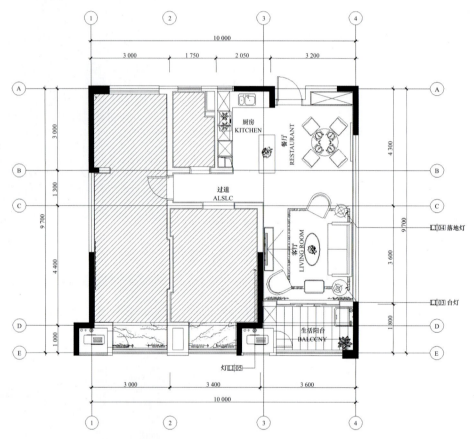

图3-2-46　居室中公共区域的平面布置

在整体风格设计上，采用法式风格，主要突出均衡的布局方式，再结合几何线条与蓝色的空间色彩，演绎法式宫廷的精致、优雅，在色系的运用上，大部分以浅色作为主色调，用亮色进行点缀。从视觉的角度上来说，浅色与深色相比，是一种较为舒适、柔和的色调，再加上少许的亮色点缀，会使整个空间既有和谐、统一的感觉，又突出了视觉层次感，给空间增添许多生气和温度。

在造型选择方面，通常的法式风格都会添加曲线，这是法式元素里随处可见的一种设计，并且结合了几何框架和方正矩形的造型，这样使整个设计变得刚中带柔，恰到好处。例如，沙发、茶水案几和圆形吊灯的搭配非常完美（图3-2-47）。

图3-2-47　客厅实景

扬帆起航

想一想：（1）分组讨论各类型家庭对客厅功能需求的差异。

（2）分组讨论如何在餐厅中营造良好的就餐氛围。

练一练：完成图3-2-48中客厅、餐厅、走道等公共区域的平面设计和效果图绘制，以手绘方案图的形式表现。

要求：（1）使用黑色针管笔，分线型加彩色铅笔淡彩效果；以合适的比例绘制在A3图纸内；

（2）任选一公共区域手绘彩色效果图。

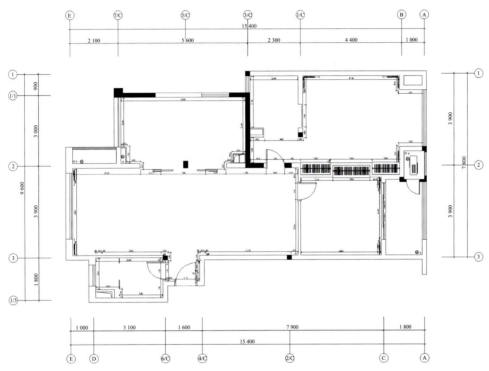

图3-2-48　某建筑原始平面图

任务3.3　私密活动空间设计

◆ **建议学时**：理论课时：4课时，实训课时：8课时。

◆ **学习目标**：通过讲述理论知识与案例分析，使学生了解私密活动空间的功能特征，包含卧室、书房、卫浴间等，通过设计实践，掌握私密活动空间的设计方法。

◆ **学习重点**：重点掌握私密活动空间的功能特征。

◆ **学习难点**：理解私密活动空间的设计要点，通过实践掌握私密活动空间的设计方法和步骤。

任务导入

设计背景同任务 3.2。根据所给建筑平面图（图 3-3-1），完成该业主家的私密活动空间的平面布局设计，要求布局合理，功能完整。

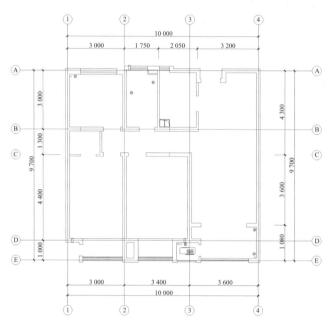

图 3-3-1　某建筑原始平面图

图 3-3-2　卧室

图 3-3-3　主人卧室

知识导航

3.3.1　卧室设计

1. 卧室的功能布局

卧室属于私密性很强的空间领域，睡眠区是其核心功能（图 3-3-2）。同时，应具有贮藏、更衣、梳妆、阅读、休闲等功能区域。功能区的多少，应视房型结构、空间大小及业主的要求而定，设计时应该在隐秘、恬静、舒适、健康的基础上，追求温馨的氛围和优美的格调，总体上追求的是功能和形式的完美统一。

根据使用对象的不同，卧室可分为主人卧室、子女卧室、老人卧室、客人卧室等。针对不同的使用对象，其卧室的功能也会有些许差别。

（1）主人卧室具有强烈的私密性要求，应营造出一种宁静安逸的氛围，注重主人的个性与品位的表现，有私密感、安宁感和安全感。同时，应具有睡眠、梳妆、更衣、贮藏、洗浴等多种功能（图 3-3-3）。

（2）子女卧室要充分考虑到使用者的年龄、性别、性格等个性因素，处于不同成长阶段的孩子对卧室的要求是不同的。婴幼儿期（0~6岁）的子女卧室，面积要小，但需要与照看者的房间相邻，配置婴儿床、简单的玩具和一小块游戏活动区域。童年期（7~13岁）的子女卧室应具备休息、学习、游戏及交际功能，可依据孩子的不同性别与兴趣特点，设置玩具架或梳妆台。青少年期（14~18岁）的孩子纯真活泼，富于理想，具有相对独立的人格和主见，学习成为他们的主要任务之一，因此，书桌与书架成为睡眠中心之后的又一主要功能区域（图3-3-4、图3-3-5）。

图3-3-4　子女卧室（一）

（3）老人卧室一般以实用为主，最大限度地满足老人的睡眠及贮物的需要。老年阶段是对睡眠质量要求最多的时期，隔声降噪是设计的重点，所用的材料隔声效果一定要好；同时，应考虑安全因素，老人的行动范围内应留有无障碍通道，应使用具有防滑功能的材料（图3-3-6）。

图3-3-5　子女卧室（二）

（4）客人卧室主要考虑睡眠功能，可以附带收纳功能，设计上可以比主人卧室简单点，保证通风和采光，家具宜少不宜多，布局和陈列的样式应以简洁为主。

2. 卧室的界面设计

卧室的顶面设计宜简洁温馨，造型不宜过于复杂，多采用对称形式，材料各类的选择比较宽泛，但应避免选用浓重的色彩。

卧室的地面应具备保暖性，常采用中性或暖色色调，一般常采用实木地板、复合木地板、地毯等材料，并在适当位置铺以块毯等饰物。

图3-3-6　老人卧室

在对卧室墙面进行设计时，可结合床的造型及色调，对床头的背景墙进行设计，利用不同的材质使空间富有层次感，也可在床头挂些镜框、工艺品等来进行装饰（图3-3-7）。

3. 卧室的色彩设计

卧室的色彩设计首先要确立卧室的大面积色调，即卧室的主色调，它一般由墙面、家具和地面三大部分的色调确立。其次，卧室色彩设计要确定好卧室陈设的重点色彩，即卧室陈设的中心色彩。卧室一般以床上用品为中心色。总之，卧

图3-3-7　卧室的界面设计

室应在色彩上强调宁静和温馨的色调，如蓝色调、粉色调和米色调，避免选择刺激性较强的颜色。设计师应充分运用色彩对人的不同心理、生理感受来进行装饰设计以营造良好的休息氛围。如婴儿房，可大胆采用对比强烈的鲜艳色彩，充分满足孩子的好奇心与想象力。老人房，配色以柔和、淡雅的同色系过渡配置为主（图3-3-8、图3-3-9）。

4. 卧室的照明设计

卧室是休息的地方，卧室的照明设计除要提供给居室主人易于安睡的、柔和的光源外，更重要的是要以灯光的布置来缓解人们白天紧张的生活压力。卧室的照明应以柔和光源为主，最好是可调节的，能满足不同的照明需求。卧室的照明可分为照亮整个卧室的屋顶灯、床头灯及安装较低的夜灯。屋顶灯应安装在光线不刺眼的位置，床头灯可使室内光线变得柔和，充满浪漫的气氛，夜灯投出的阴影可使室内看起来更宽敞。卧室的照明色调一般情况下皆为暖色调（图3-3-10）。

图 3-3-8　卧室的色彩设计

图 3-3-9　卧室的色彩设计

图 3-3-10　卧室的照明设计

5. 卧室的人体工程学

（1）床及相关的尺寸，如图3-3-11~图3-3-14所示。

（2）衣柜和步入式衣帽间的尺寸，如图3-3-15、图3-3-16所示。

（3）梳妆台及相关尺寸，如图3-3-17所示。

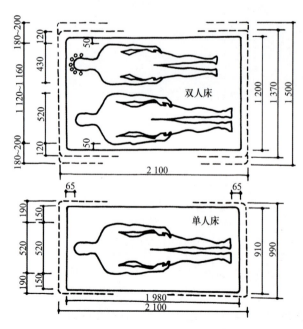
图 3-3-11　单人床和双人床尺寸

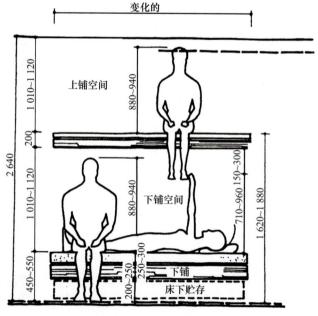
图 3-3-12　成人用上下铺

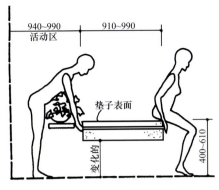

图 3-3-13　单人床与墙的间距

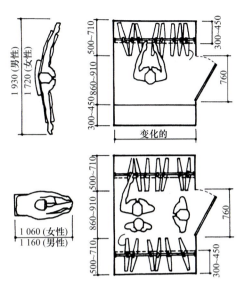

图 3-3-16　步入式衣帽间尺寸

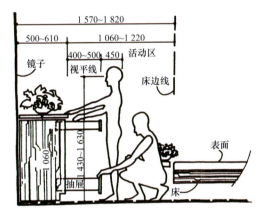

图 3-3-14　衣柜与床的间距

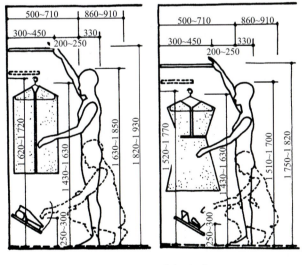

图 3-3-15　衣柜尺寸

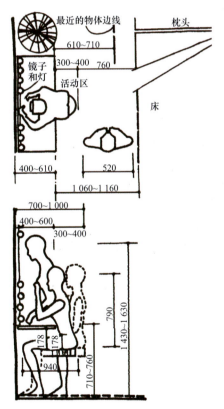

图 3-3-17　梳妆台尺寸

6. 卧室设计注意事项

（1）注意室内的通风效果。保持干净清新的空气，有助于提高睡眠质量，因此，在设计卧室门窗时，最好门窗有相对的设计，有助于保持室内的空气流畅。

（2）整体设计应当简洁、大方。卧室的功能主要是睡眠休息，属于私人空间，无须有过多的造型，墙壁的处理越简洁越好，床头可做适当的点缀，与墙壁材料和家具搭配得当。

3.3.2 书房设计

1. 书房的功能布局

在家庭生活中，阅读和学习占有相当大的比例，因此，书房现在已经成为居住空间中很重要的一个组成部分。书房的功能较为单一，是为个人而设置的私人天地，最能体现居住者的习惯、个性、爱好、品位和专长。根据空间条件，书房可采用开放式、独立式和兼容式等不同形式。开放式书房有一到两个无围合的侧界面，空间开敞、明快（图3-3-18）。独立式书房指的是专用书房，具有独立清静的空间环境（图3-3-19）。兼容式书房是与其他功能相融兼顾使用的书房空间（图3-3-20）。书房主要为主人提供书写、阅读、书刊资料储存及兼有会客交流的环境，一些辅助设备如计算机等也应容纳在书房中。书房一般包括工作区、交流区和储物区几个部分。工作区具有阅读、书写等功能，是书房中心区，应该处在相对稳定且采光较好的位置，主要由书桌、工作台等组成；交流区有会客、交流、商讨等功能，这一区域受书房面积的影响，主要由座椅或沙发组成；储物区有存放书刊、资料等功能，一般以书柜为主。

2. 书房的界面设计

书房的面积相对较小，各界面的设计以功能性为主。顶面造型不宜复杂，地面以地板、地毯等吸声效果较好的装饰材料为主，墙面以书柜和装饰字画为主，增加书房的宁静感，形成幽雅的环境。各种尺寸、各种颜色的书本身就是书房最好的陈列品，书柜的大小也要与业主的书籍多少配套，并留有多余的空位以备今后使用（图3-3-21）。

图3-3-18 开放式书房

图3-3-19 独立式书房

图3-3-20 兼容式书房

图3-3-21 书房界面设计

3. 书房的色彩设计

书房的色彩应柔和而不杂乱，避免强烈刺激的色彩，以减少工作、学习过程中损害视力和扰乱思维，浅蓝、墨绿、米黄、白色都是不错的选择。一般书房使用冷色调有助于人的心境的平稳，为了避免单调，可以摆设一些较小的色彩鲜艳的陈设品，同时，也要注意家具和陈设品的颜色应与整体颜色协调（图 3-3-22）。

4. 书房的照明设计

书房的照明要适度。书房对于照明和采光的要求很高，过强或过弱的光线都会对视力产生很大的影响，所以，写字台最好放在自然光线充足但阳光不直射的窗边。人工照明的光线要柔和、明亮，使用间接照明能避免灯光直射造成的视觉眩光伤害。例如，在顶面的四周安置隐藏式光源，这样也可以烘托出书房沉稳的氛围。但对于阅读照明来说间接照明并不够，因此，最好在写字台左上角安置一盏可以灵活变换照射角度的台灯，或者在正上方设置垂吊灯做重点照明。另外，可利用轨道灯或嵌灯的设计，让光直接照射书柜上的藏书或物品，既利于书籍的查找，也可以营造视觉端景（图 3-3-23）。

图 3-3-22　白色为主的书房

图 3-3-23　书房的照明设计

5. 书房的人体工程学

（1）书桌和书椅的尺寸。成人书桌高度一般在 710~750 mm，宽度和长度可以根据空间大小和使用者需求定制，常见书桌宽度为 600~800 mm，长度为 1 000~1 400 mm，书椅高度大约为 400 mm，书桌和书椅的高度差在 300 mm 左右。考虑到腿在桌子下面的活动区域，桌下净高一般不小于 600 mm。

儿童书桌的尺寸要根据儿童的身高来确定，最好是能调节高度的，可调高度在 500~750 mm 为宜，书椅高度和书桌高度差为 300 mm 左右为宜。

（2）书柜的尺寸。书柜的长度可以根据使用者的实际需求定制，书柜的高度应该以书柜顶部最高至成年人伸手可拿到最上层隔板书籍为原则，一般的高度以 1 200~2 100 mm 为宜，书柜的深度根据书籍规格来确定，一般为 280~350 mm，隔板高度同样根据书籍规格来设计，每层可以设置不同的高度，满足不同尺寸书籍的收纳，还要考虑书柜格位之间的宽度尺寸，格位的极限宽度不能超过 800 mm，否则会造成书柜的不稳定性，容易在使用过程中产生问题。

6. 书房设计注意事项

（1）书房环境要安静。安静是书房非常重要的构成要素，应将书房安排在距离公共活动区较远的房间，尽量选用隔声和吸声效果好的装饰材料，减少周边环境对书房的影响。

（2）书房照明要适宜。书房的大部分使用时间是晚上，因此，照明对于书房来说非常重要。空间的光线不能太强，太强容易产生视觉疲劳，时间长了容易产生头晕目眩，也会损伤视力；同时，光线也不能太暗，太暗容易造成用眼过度，对视力不利。灯的数量不易太多，容易让人精神恍惚，影响学习。

（3）书房的整体设计能体现业主的品位，忌花哨。设计书房时，可以将业主的习性、爱好、品位和专长等融入书房的装饰中。同时，为了让人静心阅读，提高工作效率和学习效率，装饰物不宜太多、太花哨。

3.3.3　卫浴间设计

1. 卫浴间的功能布局

卫浴间作为家庭的洗理中心，是一个私密性要求很高的空间，是每个人生活中不可缺少的一部分，是一个实用功能很强的地方，是居住空间设计中的重点之一。

一个完整的卫浴间，应具备如厕、洗漱、沐浴、更衣、洗衣、干衣、化妆，以及洗理用品的储藏等功能。具体情况需根据实际的使用面积与主人的生活习惯而定。卫浴间最基本的要求是合理地布置"三大件"：洗脸池、坐便器和淋浴间。一般来说，居住空间已安排好"三大件"的位置，排污管也相应安置好了，除非位置不够或安装不下选购的用品，否则不要轻易改动"三大件"的位置（图3-3-24~图3-3-28）。

卫浴间在平面布局上可分为干湿同置和干湿分离两种布置方式。所谓干湿同置就是将淋浴间、坐便器和洗脸池等卫浴设备都安排在同一个空间里，是一种普遍采用的方式；干湿分离一般是将坐便器纳入一个空间而让洗、浴独立出来，条件允许的情况下可以采用这种方式（图3-3-29、图3-3-30）。

图3-3-24　洗脸池　　图3-3-25　墙排式坐便器　　图3-3-26　下排式坐便器　　图3-3-27　淋浴间

图3-3-28　浴缸　　图3-3-29　干湿同置卫浴间　　图3-3-30　干湿分离卫浴间

2. 卫浴间的界面设计

卫浴间的界面设计首先应把握住整体空间的色调，再考虑选用什么花样的墙、地砖及吊顶材料，材料应该质地细腻，易清洗，防腐、防潮。由于国内较多居住空间的卫浴间面积不大，可以选择色彩亮度高的墙砖，会使空间感觉大一些。地砖的选择则应考虑具有耐脏及防滑的特性，墙面一般较多采用瓷砖，顶面可选用PVC或铝材集成吊顶或防水石膏板，三者之间应协调一致，与洁具也应相和谐（图3-3-31）。

3. 卫浴间的色彩设计

卫浴间的色彩效果由墙面和地面材料、灯光等组成。具有清洁感的冷色调，如乳白、象牙黄墙体，辅以颜色相近、图案简洁的地面，在柔和的灯光映衬下，不仅扩大空间视野，暖意倍增，而且越加清雅洁净、怡心爽神（图3-3-32）。另外，卫浴间也可以大胆采用极度饱和的色彩，如选择有色彩的瓷砖、坐便器、五金配件等，从而使卫浴间自由奔放起来（图3-3-33）。

图 3-3-31　卫浴间的界面设计

图 3-3-32　冷色调的卫浴间

图 3-3-33　色彩炫丽的卫浴间

4. 卫浴间的照明设计

卫浴间的照明设计采用整体照明和局部照明相结合的方式来满足照度要求。一般可分成两个部分，一个是净身空间部分；另一个是脸部整理部分。

净身空间部分包括沐浴间、坐便器等空间，可采用整体照明，以柔和的光线为主。一般光源设计在顶面和墙壁上，对光线的亮度、显色指数要求不高，墙面光比较柔和、自然，相较顶光源形成的阴影少。顶面灯具的位置最好设置在坐便器的前上部，无论使用者是站着或坐着都不被遮暗；同时，光源最好离净身处近些，只要水源碰不到就可以（图3-3-34）。

图 3-3-34　卫浴间的整体照明

脸部整理部分，可采用局部照明。由于有化妆功能要求，对光源的显色指数有较高的要求，对照度和光线角度要求也较高，最好是在化妆镜的两边，其次是顶部（图3-3-35）。

5. 卫浴间的人体工程学

（1）洗脸池的相关尺寸。洗脸池的设计是卫生间的主体，其尺寸依据卫生间的大小来决定，其大小必须

图 3-3-35　卫浴间的局部照明

考虑出入的活动空间。洗脸池一般宽度为550~650 mm，下面可设置收纳柜，人站在盥洗台前的活动空间大约为500 mm，人在大于760 mm的通道内行走较为舒适，盥洗台的高度在850 mm时使用较为舒适。洗脸池的镜子越大越好，因为它可充分扩大卫生间的视觉效果，但从容易清洁和美观的角度来说，一般设计与洗脸池同宽（图3-3-36~图3-3-39）。

（2）坐便器的相关尺寸。预留安装坐便器的宽度不少于750 mm（图3-3-40）。

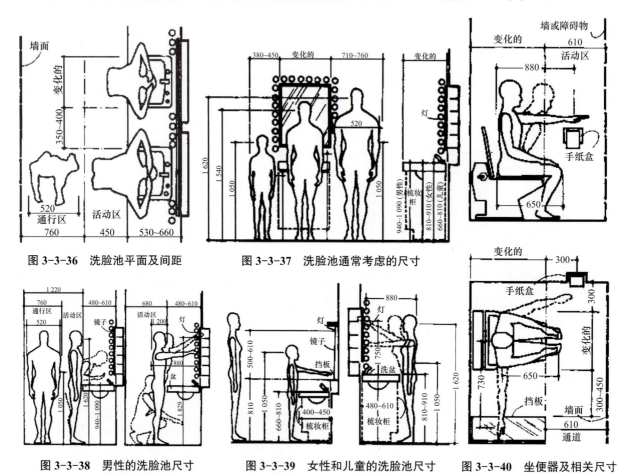

图3-3-36　洗脸池平面及间距　　图3-3-37　洗脸池通常考虑的尺寸

图3-3-38　男性的洗脸池尺寸　　图3-3-39　女性和儿童的洗脸池尺寸　　图3-3-40　坐便器及相关尺寸

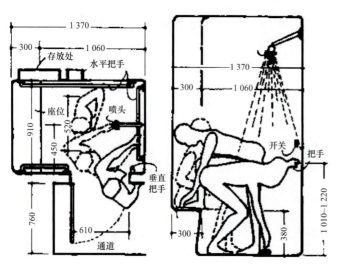

图3-3-41　淋浴间平面和立面

（3）淋浴间的相关尺寸。淋浴间的设置有两种，一种是将卫生间端头用玻璃或浴帘间隔起来作为一个沐浴间；另一种是到市面定制现成的淋浴间安放在角落。淋浴间标准尺寸是900 mm×900 mm，最理想的尺寸是1 000 mm×1 000 mm，如果空间不够，尺寸也不要小于800 mm×800 mm，否则转身、擦背会碍手碍脚。淋浴花洒的高度要高于普通身高，使用才方便。无论坐、靠还是站着淋浴，需要的东西随手拿得到，这样才更加舒适。如果设置浴缸，搁架的高度要设计在触手可及的位置，一般情况下，人坐在浴缸中伸手触摸到的高度是1.2 m左右，搁架的设计也应该维持在这个范围内（图3-3-41~图3-3-44）。

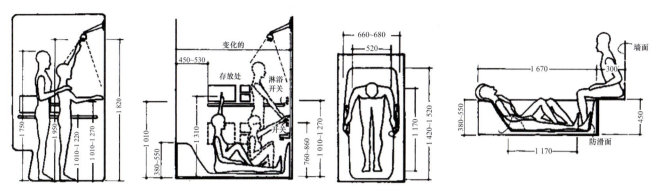

图 3-3-42　淋浴间立面　　图 3-3-43　淋浴、浴缸立面　　图 3-3-44　单人浴缸平面和剖面

6. 卫浴间设计注意事项

（1）使用要方便、舒适。卫浴间的主要功能是洗漱、沐浴、如厕，有的家庭的卫浴间还有化妆、洗衣等功能。这些功能设备在分布上要互不干扰，方便使用，条件允许的情况下可以进行"干湿分离"，地面要考虑坡水角度，防止地面积水。

（2）要保证安全。地面选用防水、防滑的材料，以免沐浴后地面有水而滑倒；开关最好有安全保护装置，插座不能暴露在外面，以免溅上水导致漏电短路；使用燃气热水器沐浴时通风一定要好，以免发生一氧化碳中毒；沐浴间可以设置扶手，方便老年人使用。

（3）通风采光效果要好。卫浴间的一切设计都不能影响通风和采光，应加装排气扇，将污浊的空气抽入烟道或排出窗外。如有化妆台，应保证灯光的亮度和显色性。

（4）装饰风格要统一。卫浴间的风格应与整个居室的风格一致。卫浴间装修也是体现家庭装修档次的地方。

任务操作

方案设计和风格分析：

私密空间的设计风格与公共区域保持一致。

平面布局上将南北两个房间打通成主卧室，取消主卫生间，只保留了一个公用卫生间。主卧室的南面是睡眠区，北面是一个综合功能区，能够满足业主收纳、梳妆、写字阅读的需要，整个空间通透宽敞，空间淡雅，用明亮的黄绿色进行点缀，营造出法式宫廷奢华、舒适的氛围。另外，一个独立的房间被打造成一个休息会客的、相对私密的空间，混搭了一些民族元素，如鼓墩、民族风浓郁的抱枕，这体现了业主的喜好（图3-3-45~图3-3-47）。

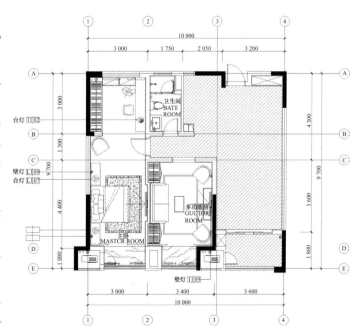

图 3-3-45　居室中私密区域平面布置

图 3-3-46　休闲空间

图 3-3-47　卧室空间

扬帆起航

想一想：（1）分组讨论儿童卧室、中青年卧室和老人卧室的设计差异。

（2）按卫浴品牌分组收集各类卫浴产品的相关资料。

练一练：完成图 3-2-48 中卧室、书房和卫浴间等私密区域的平面设计、立面设计和效果图绘制，以手绘方案图的形式表现。

针对卧室，进行四套不同年龄、不同性别的儿女卧房设计，以手绘方案图的形式表现。

要求：（1）使用黑色针管笔，分线型加彩色铅笔淡彩效果；以合适的比例绘制在 A3 图纸内；

（2）任选一私密区域手绘彩色效果图。

任务 3.4　家务活动空间设计

- **建议学时**：理论课时：2 课时，实训课时：6 课时。
- **学习目标**：通过讲述理论知识与案例分析，使学生了解家务活动空间的功能特征，包含厨房、储藏间等，通过设计实践，掌握家务活动空间的设计方法。
- **学习重点**：重点掌握家务活动空间的功能特征。
- **学习难点**：理解家务活动空间的设计要点，通过实践，掌握家务活动空间的设计方法和步骤。

任务导入

家务活动贯穿于整个居住空间，厨房是空间中家务活动最频繁的区域。通过学习，根据业主需求，对图 3-4-30 进行合理的布局设计。

知识导航

3.4.1 厨房设计

厨房在人们的日常生活中占有重要的位置,一日三餐都与厨房发生密切的关系。它是住宅内使用最频繁、家务劳动最集中的地方。因此,设计装饰好厨房是创造良好的生活环境和保持家庭生活温馨的关键之一。

1. 厨房的功能布局

厨房主要具备储藏(冰箱)、洗涤、备餐和烹饪三大功能,有的厨房兼有进餐的功能(图3-4-1)。所以,厨房设计应尽量采用组合式吊柜、吊架,合理利用一切可使用的空间。一般储藏(冰箱)、洗涤、备餐和烹调呈三角形分布(图3-4-2)。

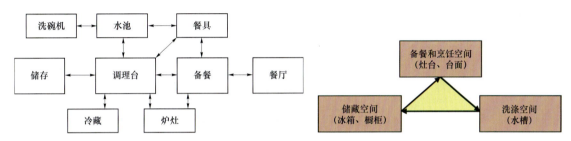

图3-4-1 厨房功能分析图　　　　图3-4-2 厨房的功能分区(三个工作中心)

储藏空间主要是收纳餐具、炊具、容器、调味品、食品等物品,包括冰箱、橱柜和台面。为了不破坏操作台工作空间的整体性,冰箱通常放在一排橱柜的末端,门朝工作台方向开启。在冰箱一侧最好安排操作台,通常可与相邻的工作台面连接在一起。高柜存放使用率较低的物品,底柜可设置碗柜、洗碗机、抽屉、调料架等,存放碗盘、调味品、刀具、炊具及瓶装物品等(图3-4-3)。

洗涤空间是围绕水槽进行的(附近应有沥水区,放置洗好的碗筷餐具等;收纳区,放置洗洁精、洗碗布等),具有多种用途,用以清洗水果、蔬菜、碗碟等,为烹饪提供水,因此,洗涤区通常比较靠近烹饪中心。洗涤工作占到全部厨房工作的40%~47%。厨房工作自始至终都离不开它,为此在设计厨房时,首先要考虑水槽的位置,多数情况下安排在窗下(图3-4-4)。

图3-4-3 厨房的储藏空间

图3-4-4 厨房的洗涤空间

备餐和烹饪空间在饭前半小时是最繁忙的区域，厨房中最主要的工作空间是水槽与灶台之间的部分。而大约三分之一的工作要在烹饪空间完成。理想的备餐和烹饪空间应既靠近水槽，又接近就餐地点。安排灶台的工作台面必须采用耐热材料，包括天然石材、人造石材和不锈钢（图 3-4-5）。

厨房的面积大小各异，但平面布局都应遵循"工作三角"的原则，才能设计出高效而实用的厨房。厨房设备及家具的布置应按照烹调操作顺序来布置，以方便操作，避免走动过多。因此，水槽、冰箱和灶台"工作三角"的周长不超过 6.71 m，不小于 3.66 m，三角形的各边长尺寸可根据厨房的大小和形状而有所不同；每两个工作中心间的距离不小于 0.9 m，但也不宜过大，如果距离太远，不得不从厨房的一端往返于另一端，费时费力；如果距离太近，在厨房中工作起来就会觉得拥挤不适。

厨房的平面布局主要有以下几种（图 3-4-6）：

图 3-4-5　厨房的烹饪空间

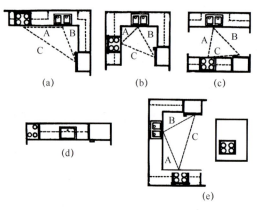

图 3-4-6　厨房的平面布局
（a）L形的布置；（b）U形的布置；（c）通道式的布置；
（d）单面墙的布置；（e）岛式布置

（1）"一"字形厨房。"一"字形厨房适用于厨房面积不大、较为狭长的空间，将所有的工作区都安排在一面墙上，一般水槽放于中间，冰箱和灶台置于水槽两侧，冰箱和灶台的距离控制在 2.4~3.6 m，小于 2.4 m，橱柜的储藏空间和操作台会影响使用，大于 3.6 m 会影响工作效率。可采用嵌入式或嵌入台面下的电器来充分利用空间，留尽可能多的台面空间用来操作。在不妨碍通道的情况下，可安排一块能伸缩调整或可折叠的面板，以供使用（图 3-4-7）。

（2）"二"字形厨房。"二"字形厨房也称为走廊式厨房，适用于狭长，但又有一定宽度的空间（一般宽度不小于 2.1 m），将工作区布置在相对的两面墙壁上，中间留一个通道，令长方形的空间利用的最为充分。通常是将水槽和冰箱置于同侧，灶台置于另一侧，水槽和灶台距离以 1.2~1.8 m 较为合理，冰箱和灶台距离以 1.2~2.1 m 较为合理（图 3-4-8）。

图 3-4-7　"一"字形厨房

图 3-4-8　"二"字形厨房

（3）"L"形厨房。"L"形厨房适用于厨房面积不大且平面形状较为方正的空间，最好不要将L形的一面设计过长，以免降低工作效率。这类厨房的储存区、洗涤区、备餐和烹饪区依次沿两个墙面转角展开布置，比较难处理的拐角处则可安装一个旋角柜装置。为了保证"工作三角区"在有效的范围内，L形的短边边长不宜小于1.7 m，长边在2.8 m左右，水槽与灶台的距离为1.2~1.8 m，冰箱与灶台的距离应在1.2~2.7 m，冰箱与水槽的距离为1.2~2.1 m（图3-4-9）。

（4）"U"形厨房。U形厨房的布局适合长宽在2.2 m以上的接近正方形的厨房，沿连续的三个墙面布置储存区、洗涤区、备餐和烹调区，操作台面长，储藏空间充足，集合了"二"字形厨房和"L"形厨房的优点。厨房工作三角区宜设计成为一个三角形，即水槽在厨房的顶端，冰箱和灶台分别设置在水槽的两翼，两翼之间的距离应为1.2~1.5 m，这样动线简洁、方便，减少工作区之间的干扰（图3-4-10）。

（5）岛式厨房。岛式厨房适用于大厨房，沿厨房四周设立橱柜，并在厨房中央设置一个单独的工作中心，人的活动围绕"岛"进行。这种布置方式适合多人参与厨房工作，创造活跃的厨房氛围，增进家人之间的感情交流。由于"岛"内功能不同，或只是一个操作台，或设置了灶台和水槽，使得"工作三角区"变得不固定，但设计上还是要遵循原则，使工作能够顺利进行。无论是单独的"岛"还是与餐桌相连的"岛"，边长不得超过2.7 m，岛与橱柜中间至少间隔0.9 m（图3-4-11）。

图3-4-9　"L"形厨房

图3-4-10　"U"形厨房

图3-4-11　岛式厨房

2.厨房的界面设计

厨房的顶面多选用铝扣板集成吊顶，地面多选用规格为600 mm×600 mm的防滑瓷砖，墙面可选用各种规格的瓷砖，均具有防火、抗热、易于清洁的特点。但地面尽量不要使用印有立体感图案或明暗对比强烈的装饰材料，否则不仅会使厨房面积在视觉上感觉狭小，而且容易使人产生地面高低不平的错觉（图3-4-12）。

图3-4-12　厨房的界面设计（一）

橱柜在厨房界面中占据比较大的比例，橱柜门板是橱柜的主要立面，对整套橱柜的观感及使用功能都有重要的影响。防火板是最常用的门、柜板材料，柜门板也可结合使用清玻璃、磨砂玻璃、铝板等，可增添设计的时代感，橱柜门板的色彩尽量选择淡雅的颜色。厨柜的台面承担着洗涤、料理、烹饪、存储等重要功能，目前用于台面的材料大致可分为天然石、人造石和防火板三大类，有的会在台面包覆不锈钢，更便于清洁，台面色彩多选浅色（图3-4-13）。

图3-4-13　厨房的界面设计（二）

3. 厨房的色彩设计

厨房色彩宜以暖色或浅色为主，以创造轻松气氛，不宜安排反差过大的色彩，色彩过多过杂，在光线反射时容易改变食物自然色泽而使操作者在烹饪食物时产生错觉（图3-4-14、图3-4-15）。

4. 厨房的照明设计

厨房照明可分成两个层次：一个是对整个厨房的照明；另一个是对洗涤、准备、操作的局部照明。在吊柜下安装灯具能有效地增加照度，厨房灯具没必要选择豪华型的，但灯具的亮度一定要够，光线太昏暗的厨房会影响人的心情，饭菜的质量也会受到影响（图3-4-16、图3-4-17）。

5. 厨房的人体工程学

（1）厨房家具的尺寸。由于功能上的需要，厨房设施和厨房家具与人体的关系非常密切，它们尺寸的限定因素随着使用者身高而发生变化。肘部与操作台的距离对工作的舒适度非常重要，在比肘部（上臂垂直，前臂呈水平状）低75 mm的操作台面上工作会令人感到舒适、省力（图3-4-18~图3-4-21）。常用厨房家具的尺寸见表3-4-1。

图3-4-14 厨房的色彩设计（一）

图3-4-15 厨房的色彩设计（二）

图3-4-16 厨房的照明设计（一）

图3-4-17 厨房的照明设计（二）

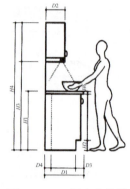
图3-4-18 厨房家具的尺寸（一）

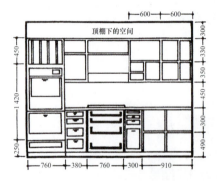
图3-4-19 厨房家具的尺寸（二）

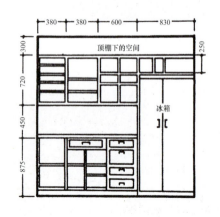
图3-4-20 厨房家具的尺寸（三）

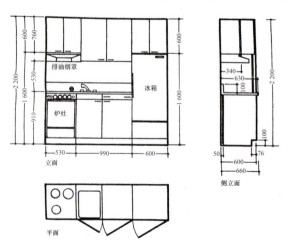
图3-4-21 厨房家具的尺寸（四）

表 3-4-1 常用厨房家具尺寸（mm）

高度	$H1$	操作台高度	（750）、800、850、900
	$H2$	踢脚板	150（当$H1=900$）
	$H2$		100（当$H1=750$、800、850）
	$H3$	地面到吊柜底部的净高	$1300+n\times100$
	$H4$	高柜、吊柜顶部的净高	$1900+n\times100$
	$H5$	水平管线区高度	宜至操作台面板底
	$H6$	操作台面厚度及洗涤台盖板高度	30或40
进深	$D1$	操作台、底柜和高柜的进深	500、550、600
	$D2$	吊柜进深	300、350
	$D3$	操作台前沿凹口深度	≥50
	$D4$	水平管线区深度	60

（2）厨房常用人体尺寸。平面布置除考虑家具尺寸外，还应考虑人和家具的活动尺寸（图3-4-22~图3-4-26）。

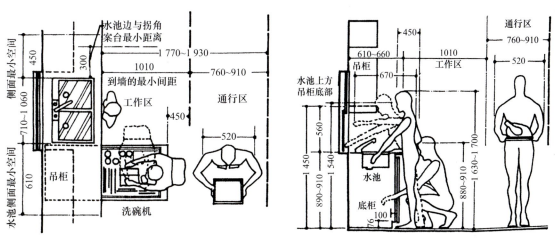

图 3-4-22 水池布置尺寸

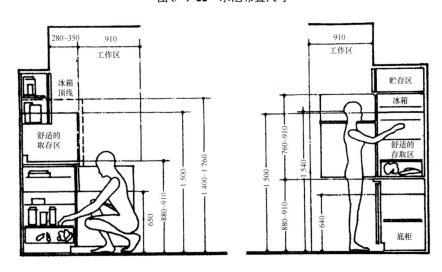

图 3-4-23 冰箱布置立面

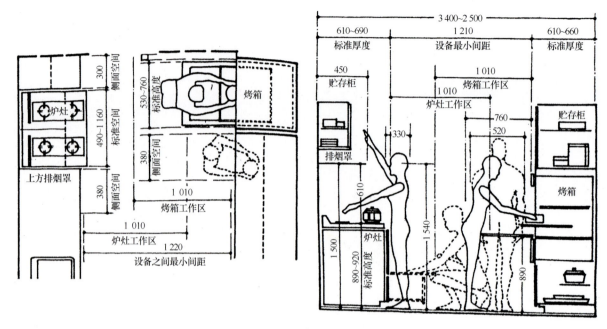

图 3-4-24 灶台布置尺寸

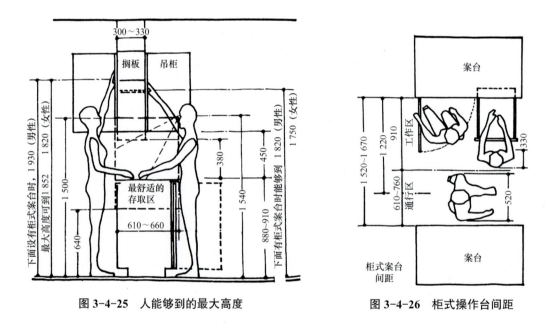

图 3-4-25 人能够到的最大高度　　　　图 3-4-26 柜式操作台间距

6. 厨房设计的注意事项

（1）材料要耐潮、耐水。厨房是个潮湿、易积水的场所，所有装饰用材都应选择防水耐水性能良好的材料，要求不漏水、不渗水，可用水擦洗。

（2）材料不易燃。火是厨房里必不可少的能源，所以厨房里使用的装饰材料要具有难燃、阻燃的性能。

（3）餐具收纳入柜。厨房里锅碗瓢盆、瓶瓶罐罐等物品既多又杂，如果裸露在外，易沾油污又难清洗，因此，尽量收纳到方便拿取的橱柜中。

（4）避免使用马赛克铺地。马赛克每块面积较小，缝隙多，易藏污垢，且又不易清洁，使用久了还容易产生局部脱落，难以修补，因此，厨房里最好不要使用。

3.4.2 储藏间设计

对于一个家庭来说,有许多日常用品需要收纳,如衣物、棉被、烫衣板、电风扇等,因此,储藏空间是居住空间中必不可少的部分,可以根据空间实际的面积大小,设置独立的储藏间。

根据所储藏的物品的不同,储藏间可分为衣帽储藏间和杂物储藏间;根据面积大小的不同,可分为步入式储藏间和非步入式储藏间;根据储物柜的形式,可分为"L"形储藏间和"U"形储藏间。其中,衣帽储藏间主要储藏衣服、包、丝巾、床上用品等,提供折叠、悬挂的收纳空间;杂物储藏间主要收纳杂物,如梯子、吸尘器、一些不常用的物品等(图 3-4-27、图 3-4-28)。

图 3-4-27　衣帽储藏间

图 3-4-28　杂物储藏间

任务操作

如图 3-4-29 所示,原厨房空间尺寸为 2 700 mm×1 565 mm,面积为 4.2 m^2,无法满足业主想要放置的双门冰箱,同时橱柜台面的长度也不够家庭使用。

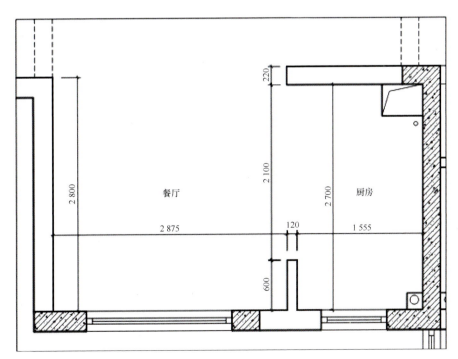

图 3-4-29　餐厅厨房原始平面图

看到原始格局之后我们被束缚了，其实只需要拆两道墙体，问题就解决了——将厨房和餐厅融入，做一个敞开式厨房，这样两者的空间优势可以互补利用，可能利用的空间也变大了，实现了餐桌、吧台、储物、冰箱和厨房操作台的共用共享，使得家庭生活的便捷性得到了大幅度的提升（图3-4-30~图3-4-33）。

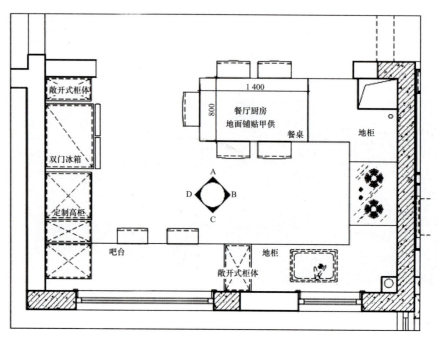

图 3-4-30　餐厅厨房平面布置图

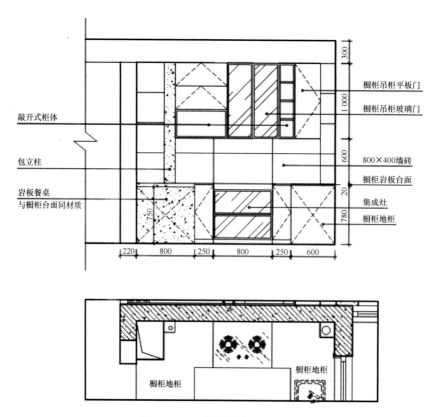

图 3-4-31　餐厅厨房 B 立面图

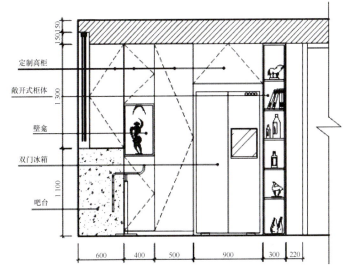
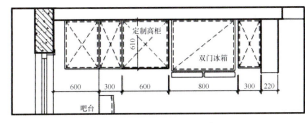

图 3-4-32　餐厅厨房 D 立面图　　　　　图 3-4-33　餐厅厨房效果图

扬帆起航

想一想：（1）分组研讨各种类型的厨房特点及其备餐工作流程。

（2）收集整理常用的厨房电器资料。

（3）收集整理厨房橱柜的相关资料。

练一练：根据教师提供的平面图（图 3-4-29），进行三套不同类型的厨房设计，以手绘方案图的形式表现。

要求：（1）完成厨房平面布置图。

（2）使用黑色针管笔，分线型加彩色铅笔淡彩效果；以 1∶30 的比例绘制在 A3 图纸内；标注材料和主要尺寸。

（3）完成厨房手绘效果图。

项目 4　居住空间设计实训——单身公寓设计

PROJECT FOUR

项目介绍

居住空间设计实训——单身公寓设计

单身公寓的空间面积相对较小，但"麻雀虽小，五脏俱全"。对于使用者来说，其功能性的满足显得非常重要。因此，设计者需充分考虑功能区域的划分、物理空间的设计、界面的设计、家具与陈设的配置等几个方面。对使用者的心理特点和实际需求等方面也要有充裕的考虑，积极做到少而全、简而精，在层次分明中体现主人的魅力。同时，通过小空间的设计学习，培养学生敬业、精益、专注、创新的工匠精神，引导学生养成良好的职业道德素养，敬业奉献，培养职业责任感，养成严谨细致的工作作风。

任务 4.1　单身公寓设计原则

- **建议学时**：理论课时：2课时，实训课时：4课时。
- **学习目标**：掌握单身公寓设计的特点。
- **学习重点**：单身公寓组成要素及设计特点。
- **学习难点**：单身公寓的设计方法。

任务导入

在如今寸土寸金的城市中，单身公寓已经成为很多年轻消费者的首选，如何巧妙地利用空间，扬长避短去挖掘小空间的潜力，显得尤为重要。由于单身公寓空间面积较小，所以简洁和实用是单身公寓设计的两大宗旨。在设计的时候，与业主进行广泛而深入的沟通，了解业主的性格、职业、爱好等基本情况，明确风格定位、个性喜好和预算投资等。

设计背景：业主为某 IT 公司白领，平时工作繁忙，空间功能需包含起居、会客、储藏、工作等，希望储物功能和舒适度达到最佳。建筑结构图如图 4-1-1 所示。

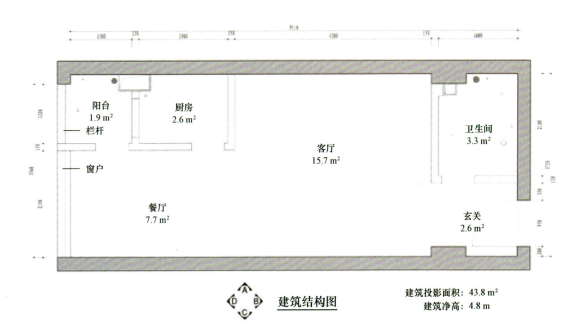

图 4-1-1　建筑结构图

知识导航

4.1.1　单身公寓的户型性质

单身公寓的空间面积相对较小，一般为 25~45 ㎡，功能空间包括一个起居室、一个房间、一个餐厅、一个卫生间、一个厨房、一个阳台等。其客户对象一般为白领、商务人士等，客户群单一且稳定，这也是区别于一般住宅的一大特征。有些单身公寓也可以设计成跃层公寓，考验的是设计师精明的设计态度，如何进行功能空间的合理划分，是设计的重点，如图 4-1-2 所示。在面积得到提升的同时，功能空间也可以进一步地完善、丰富。

图 4-1-2　功能空间设计

4.1.2　单身公寓的设计要点

小空间需要设计师分析居住者对空间的需求及功能空间之间的组合关系，应该注重人作为主体对住宅的各种需求，进而把握单身公寓的适宜尺度和空间组织模式。

（1）功能空间复合利用。功能空间应灵活多变，能够适应单身公寓空间布局，也能满足业主随着年龄、家庭结构变化等不同阶段对空间的多元化需求。

将各功能空间如厨房、卫生间、工作间集合到入户的空间内，灵活分隔各功能空间，提升空间的开放度，使室内空间收放自如，便于业主根据不同阶段功能的需求进行相应的空间调整。如图 4-1-3 所示，可以采用硬性的隔断、家具组合隔断或软隔断来分隔空间。

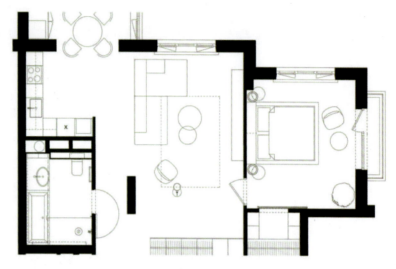

图 4-1-3　功能空间复合利用

（2）功能空间尺寸研究。单身公寓户型一般为简约型，在户型设计上需充分体现功能的灵活性和多样性，需要把握好各功能空间的尺寸，房型布局应紧凑灵活，力求做到"麻雀虽小，但五脏俱全"。动线的设计也尽量做到舒适和人性化，空间的分隔、材料的选择、软装的搭配尽量做到让空间开阔澄明，如图 4-1-4 所示。

（3）注重家具的复合设计。家具应具备易收纳、易拆装等特性，一体化设计的多功能家具比较适合单身公寓，利用家具本身良好的收纳性在单身公寓设计中显得非常重要，如图 4-1-5 所示。

选择合适的家具尺寸及布置方式，注重家具的复合设计来提升空间利用率，但前提是必须保证家具的牢固性和安全性。

图 4-1-4　空间的灵活性　　　　　图 4-1-5　家具的复合设计

4.1.3 单身公寓的设计原则

（1）充分利用空间。单身公寓最大的特点就是空间面积小，通过科学、合理的处理可以使狭小的空间看起来更大，需充分运用加减手法。

（2）功能区域的合理划分。单身公寓的功能空间大致可分为一个卧室、一个客厅、一个厨房、一个卫生间，如何合理地进行区域空间的划分，是设计的重点。理想的状态是整个空间连成一体又各有分工，没有视觉障碍。例如，运用通透的隔断（如玻璃、帘饰等）分隔空间，利用家具摆放方式来组织并划分空间，运用地面的高低差来划分等。在功能分区上应注意公共空间和私密空间的比重与分隔。

（3）细化小空间功能。良好的收纳性对于居家空间尤其是单身公寓具有举足轻重的作用。在单身公寓设计中除设置壁橱、储物柜等储藏空间外，还可以对某些设备角落或空间富余处加以利用，成为存储与收纳的空间。如洗手台盆下设置储物柜，走廊设置吊柜，床面上增加储物搁板及床下的可利用空间等，都是一些消化空间的方法，如图4-1-6所示。

（4）家具陈设简洁。家具设计在室内空间中占有极大的比例，单身公寓中的家具和其他空间的家具不同，单身公寓家具的选择要注重功能性、美观性和空间感的良好结合，如图4-1-7所示。

（5）空间精细装饰。单身公寓各功能区域要有统一的装饰元素，尽量做到"轻装修，重装饰"，在突出空间实用性的基础上彰显主人的个性和喜好，如图4-1-8所示。

图4-1-6　细化小空间功能

图4-1-7　简约的家具陈设

图4-1-8　个性设计

任务操作

户型分析：本户型的建筑面积为 50.79 m²，建筑投影面积为 43.8 m²，可用面积为 35.6 m²，赠送面积（过道上方）为 6.3 m²，建筑内部净高为 4.8 m。玄关鞋柜位置比较紧凑，卫生间宽度不够，洗脸台和坐便器位置有冲突，客厅面积相对比较大，但需要考虑一个楼梯位置，厨房空间相对较小。阳台不实用，餐厅相对太大，面积有所浪费。

建筑结构图，如图 4-1-1 所示。各层平面布置图及面积分析，如图 4-1-9 所示。

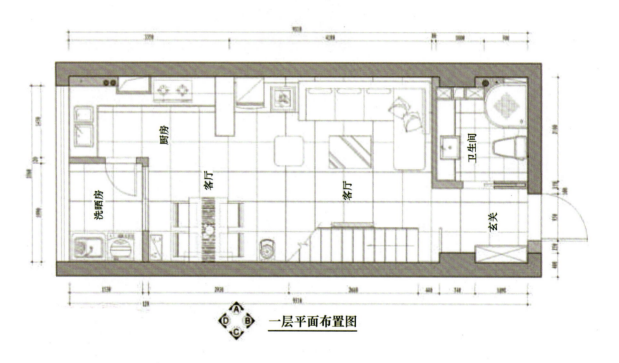

一层平面布置图

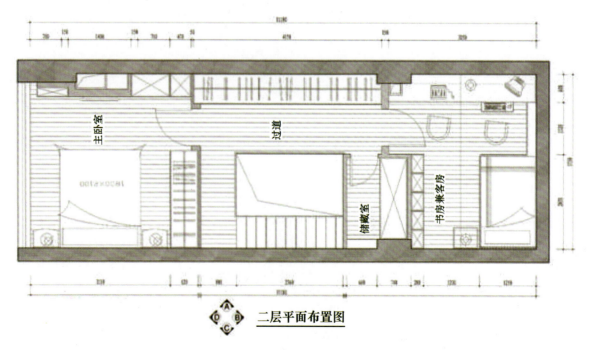

二层平面布置图

图 4-1-9　各层平面布置图及面积分析图

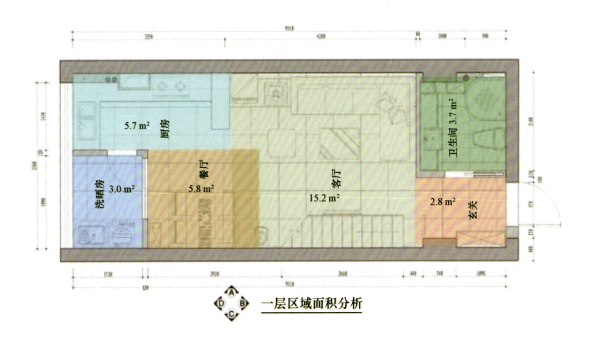

一层区域面积分析

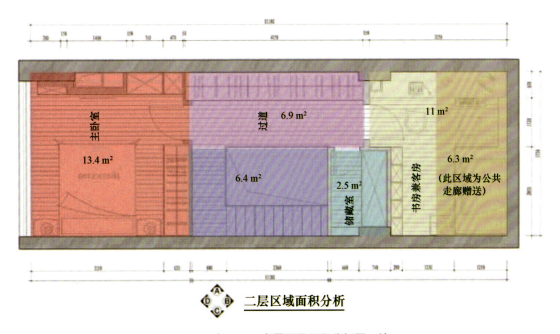

二层区域面积分析

图 4-1-9 各层平面布置图及面积分析图（续）

扬帆起航

想一想：以小组为单位，讨论并记录单身公寓室内空间的各种尺寸。

练一练：（1）以小组为单位，针对不同年龄段人群，对家具市场进行调研，特别是年轻人对多功能家具的喜好和感受，并完成调查表。

（2）以小组为单位，讨论单身公寓室内设计的功能特点，收集整理典型案例。

任务 4.2　单身公寓设计实例

- **建议学时**：理论课时：2 课时，实训课时：4 课时。
- **学习目标**：通过讲述理论知识与案例分析，使学生了解单身公寓空间的设计特点，通过设计实践，掌握单身公寓空间的设计方法。
- **学习重点**：重点掌握单身公寓功能区域的合理划分。
- **学习难点**：理解单身公寓的设计要点，通过实践，掌握单身公寓的设计方法和步骤。

任务导入

设计背景：业主是某 IT 公司白领，男性，28 周岁，平时工作忙碌，喜欢暖色调，希望家能给予其最本真、最纯粹的生活体验。同时，希望有一个比较大的卧室，可以满足休息和工作互不干扰的要求。根据图 4-2-1 原始平面图，完成该业主家的平面布局设计，套内高度约为 2.8 m，要求布局合理，功能完整。

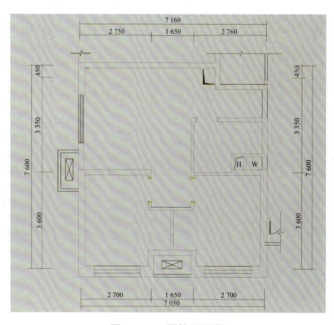

图 4-2-1　原始平面图

知识导航

4.2.1　单身公寓设计实例分析

1. 单身公寓的室内空间复合化设计方法

单身公寓设计最重要的一点就是利用好空间，减少压抑感，首先要对各功能空间进行合理的划分。

（1）功能区域的合理划分。单身公寓功能分区主要可分为客厅、卧室、厨房、卫生间、阳台等，在设计上应注重空间的灵活多变性。体现在室内空间能够收放自如，便于居住者根据不同阶段功能的需求进行相应的空间调整，最大程度的满足居住者对空间的多元化需求。单身公寓设计的灵活性表现在将各功能空间如厨房、卫生间、工作间集合到入户的空间内，采用硬性的隔断、家具组合隔断或软隔断进行分隔空间，如图4-2-2所示。

（2）功能性空间复合化设计。单身公寓空间相对狭小，在有限的空间里要具备起居、会客、工作、学习、储藏等功能。正因如此，设计时可以将某些功能区域合并在一起，不做明确的限定，如将客厅和餐厅糅合到一起，厨房设计成开敞的或半开敞的形式，采用镂空的木质花格等隔断来分隔空间，减少直接到顶的固定墙体，这样可以增强空间的流动性，如图4-2-3、图4-2-4所示。

跃层式户型还可增设工作室、儿童房、阳台等功能空间。例如工作室的设置，由于单身公寓使用人群大部分为白领人士，所以在功能空间的设置时需要突出这一空间，将功能空间复合利用以满足不同使用者都能够长期舒适的居住。

图 4-2-2　集合空间　　图 4-2-3　空间复合化设计（一）　　图 4-2-4　空间复合化设计（二）

2. 单身公寓的室内空间尺度设计方法

（1）空间尺寸的把握。单身公寓在空间的利用方面要区别于普通住宅，受人体尺度、心理尺度、家具尺度的制约。心理空间是指一种没有明确边界却可以被人们所感知的空间，对空间的舒适度还取决于人的知觉，包括嗅觉、触觉、视觉、听觉等。

（2）收纳空间的设置。收纳空间对于小空间来说显得尤为重要。对富余空间或角落的再利用可以起到功能和美化的双重作用，轻化结构空间，善于利用畸零空间，将收纳功能系统化。例如，可以将床下的空间设计出抽屉与矮柜、洗手台盆下设置储物柜、楼梯身暗藏柜体、走廊空间设置吊柜、选择多功能家具等方式都是增强收纳功能的处理手法，如图4-2-5所示。

3. 单身公寓的家具及陈设设计方法

（1）家具的复合设计。家具作为室内空间中最大的陈设品，是室内空间系统的一分

图 4-2-5　收纳设计

子，应从室内空间整体出发，选择合适的家具。如图4-2-6所示，某单身公寓家具的尺寸及布置方式，保证了最大的空间利用率，很好地将起居、办公、卧室三个功能区合为一体。

（2）色彩及陈设配置设计。小户型主体颜色的选择难度较大，不宜选择深沉而压抑的色调，明度高的色调在感官上有延展性，会给空间带来灵动而又宽敞明亮的感觉。酒店式公寓的陈设配置需以人为本，应达到"使用顺手，出入方便"的效果，陈设的整体规划应与主题吻合，如某单身公寓的色彩及陈设配置，如图4-2-7所示。

图4-2-6　家具的复合设计

图4-2-7　色彩及陈设设计

4. 单身公寓的室内建筑构件设计及材料选择方法

（1）重构室内建筑构件。室内建筑构件包括梁、柱、门窗等形式，将建筑构件进行重新解构是化"消极空间"为"积极空间"的有效方式。例如，将飘窗台设计为工作台的形式，就增强了它的使用功能；也可以根据空间风格将方形柱体设计为其他异形柱体等，使空间更趋整体性，方便家具及陈设的布置，如图4-2-8所示。

（2）材料的选择。在单身公寓设计中，装修材料的样式、纹理及质地等都是影响其设计风格的重要因素。地面、顶面、墙面三大界面材料的选择应符合特定的风格。室内设计师应积极选用新材料和新技术，尤其是信息技术的发展，单身公寓材料的选择也已经向智能化方向发展，如图4-2-9、图4-2-10所示。

图4-2-8　重构设计

图4-2-9　材料选择（一）

图4-2-10　材料选择（二）

4.2.2 未来单身公寓空间优化设计

未来单身公寓的设计将趋于人性化,主要体现在功能空间设计更加合理、风格设定更加自由、软装配饰更加舒适等方面。

单身公寓的室内功能区域的划分根据面积的不同会略有差别,未来单身公寓的空间优化设计将体现在以下三个方面。

1. 动静分区,内部空间共享化更凸显

动静分区是指将日常生活或工作中的活动频繁的区域和活动不频繁的区域进行分割,使之相互不影响的设计手法。由于单身公寓空间面积的相对狭小,各功能空间的共享化也很突出。例如,金陵王府单身公寓视听区与工作区、睡眠区的设置,在设计时应尽量减少这两个区域的交集,保证静区的使用者不被动区打扰,设计采用非严实的隔墙将

图 4-2-11　某单身公寓动静分区设计

动区和静区很好的分隔,有实有虚,效果良好,如图 4-2-11 所示。

2. 内部功能更细化

以小面积的单身公寓为例,其套型格局是以卧室为主要的居住体系的,它融合了客厅、卧室、就餐区、工作区、休息区等功能空间,厨房操作区一般设置在走道入口处,配以独立的盥洗区。盥洗区一般是坐便器、洗手台、淋浴房标准三件套。各个功能区域互相穿插、户型紧凑,如图 4-2-12 所示。

3. 外部功能共享化

目前,大部分单身公寓都位于大型建筑综合体内部,商业、娱乐、写字楼等配套相对完善,其共享空间丰富多彩,例如,建筑综合体内部的四季厅、中庭等一类的共享大厅,空间形态活泼,都是可以为单身公寓的居住者提供服务的理想空间,如图 4-2-13 所示。

图 4-2-12　功能空间互相穿插

图 4-2-13　外部功能共享化

🎯 任务操作

平面布置图（图4-2-14）是居住空间设计的重中之重。设计时应考虑空间的流线、布局，选择合适的装饰材料与陈设配置，按照设计要求绘制出平面方案、顶棚方案（图4-2-15）、立面方案（图4-2-16）与效果图（图4-2-17）。

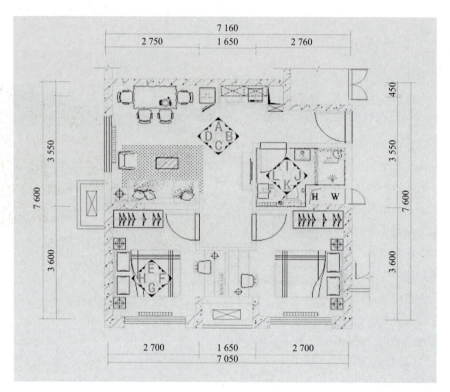

图4-2-14 平面布置图

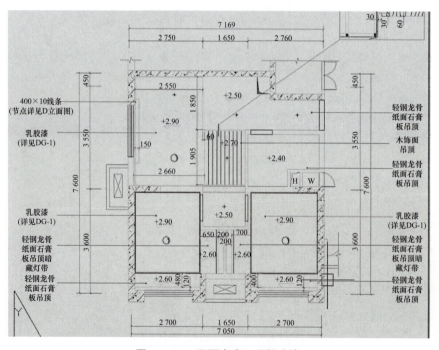

图4-2-15 平面方案、顶棚方案

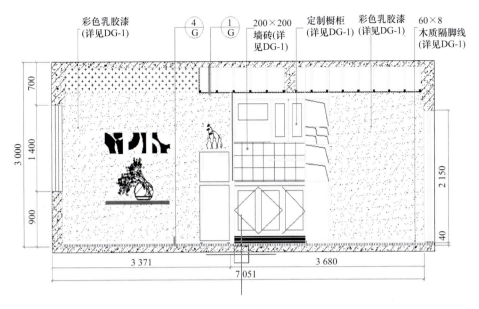

A立面

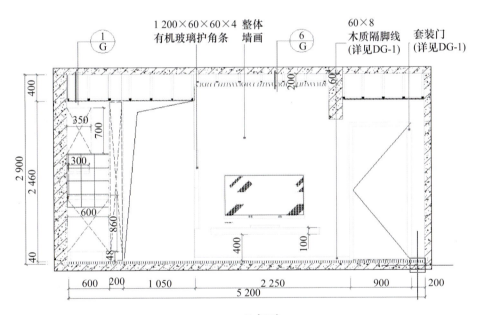

B立面

图 4-2-16　立面方案

图 4-2-17　效果图

124　项目 4　居住空间设计实训——单身公寓设计

扬帆起航

想一想：（1）分组讨论各种职业类型对单身公寓功能需求的差异。

（2）分组讨论设计方案制作流程。

练一练：在平面布置图 4-2-18 的基础上完成顶面方案图、立面方案图、效果图的设计和绘制，手绘方案图和计算机辅助出图均可。

要求：（1）制图规范标准；

（2）材料标识清楚。

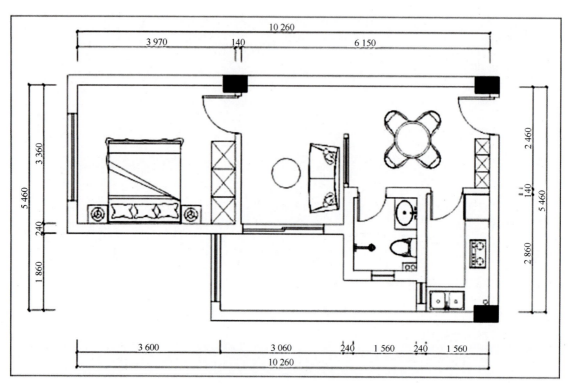

图 4-2-18　平面布置图

项目 5　居住空间设计实训——三室两厅住宅设计

PROJECT FIVE

项目介绍

三室两厅户型的室内环境，由于空间的结构划分已经大致确定，在界面处理、家具设置、装饰布置之前，除厨房和浴厕已有固定安装的管道和设施外，其余空间的使用功能或一个空间内的功能地位划分，均应以户型内部使用方便合理为依据进行布置。本项目将分为三室两厅住宅室内设计原则、三室两厅住宅设计实例两个任务来进行学习，并将适老化的内容融入其中，体现人文关怀，培养学生独立思考的能力和精益求精的工匠精神，推动学生践行社会主义核心价值观。

居住空间设计实训
——三室两厅住宅设计

任务 5.1　三室两厅住宅室内设计原则

◆ **建议学时**：理论课时：2 课时，实训课时：4 课时。

◆ **学习目标**：重点掌握三室两厅设计的特点，了解三室两厅户型设计方法，整体把握三室两厅设计的空间问题及效果。

◆ **学习重点**：重点掌握三室两厅住宅空间设计的原则，掌握如何正确合理划分功能区。

◆ **学习难点**：三室两厅户型的整体设计方法。

任务导入

三室两厅户型是针对家庭常见的户型，经济而且实用。在设计上更多地需要考虑不同家庭结构和不同生活方式的物质和精神需求，更多地在人性化、适老化和精细化上加以考虑。

> 知识导航

5.1.1 三室两厅的户型性质

三室两厅的户型比较常见，适合家庭居住使用，是家庭日常生活的重要场所，室内设计是否合理，直接关系到居住的舒适和方便，设计直接影响居住的品质，是高品质生活的核心和保障。

三室两厅户型的住宅要求在有限的高度和面积上满足整个家庭对各种功能的需求。户型室内空间的可变性受建筑设计限制较大，具有模式化和规范化的特征。室内空间的分隔越来越强调灵活性和可变性，需要对家庭生活的变化有适应能力。在居住过程中家庭结构产生变化时，相对的家庭生活模式也发生相应变化，会产生对室内功能空间重新分割和规划的要求。建筑结构很大程度上制约了空间分割。

在多元化文化发展的现代，人们的个性得到了充分的尊重，审美倾向于欣赏品味呈现出多元发展态势。室内空间除满足功能需求外，产生了更高的精神生活需求，设计应力图表现生活方式、审美观念和兴趣爱好。

5.1.2 三室两厅住宅室内设计的原则

1. 分区原则

在室内设计中要求处理好各功能空间之间的关系，使各功能空间能够最大限度地发挥功能，提高效率并减小内部互相干扰。既要处理好户型内部不同性质的使用空间，以区域的形式加以划分，避免不同性质的生活活动互相干扰，又要使不同空间联系便捷，使用方便。

（1）公用功能空间与私用功能空间分离。即家庭公共活动空间（如起居室、客厅、餐厅、公用卫生间）和家庭成员私有空间（如卧室、私人卫生间）之间的分离。住宅的私密性不仅要求在户型的布局上有所体现，同时，也要满足人们对视线、声音等的心理要求。

（2）公共活动空间与安静空间分离。即将进行比较吵闹行为的空间（如起居室、客厅、餐厅）和进行安静行为的空间（如卧室、书房）进行分离，以满足使用者休息和学习的要求。

（3）就寝空间与就餐空间分离。即将卧室和厨房、餐厅进行分离，既满足卧室对安静环境的要求，又可避免厨房、餐厅产生的油烟、生活垃圾对就寝空间的影响。

（4）起居空间与就寝空间分离。即将起居室等家庭活动空间与卧室分离，避免家庭活动的声响对就寝空间的影响。

2. 流线原则

在室内设计中，除处理好各功能空间的关系外，还要保证室内交通流线便捷，人流互不干扰。即做到家人流线、访客流线、家务流线清晰明确，互不交叉。

3. 尺度原则

在住宅户型设计中，房间尺度要符合人的生理和心理需求，太大或太小的房间都会给人的生理、心理带来影响。首先面积与户型房间数要匹配，其次房间形状要方正，长宽尺度要适宜。长宽适宜的房间可以给人以良好的空间感觉，使房间显得宽敞，同时，也有利于室内家具的摆放和装饰布置，提高房间的使用效率。尽量避免设计长条形、刀把形、梯形等异型房间。

4. 空间原则

在住宅户型设计中，创造舒适实用的室内空间是户型设计的根本。"凿户牖以为室，当其无，有室之用。"老子几千年前道出了住宅设计的本质是对空间的创造,住宅为人们提供的真正内容是其"无"的部分,是其中的有效使用空间。户型设计中要遵循有效、舒适、变换的空间设计原则。

5. 整体软装

一般软装的设计风格基本都延续硬装的风格,虽然软装有可能会区别于硬装,但是一个空间不可能完全将两者割裂开,更好地协调两者才是客户最认可的方式(图 5-1-1~图 5-1-4)。

图 5-1-1 软装设计(一)

图 5-1-2 软装设计(二) 图 5-1-3 软装设计(三) 图 5-1-4 软装设计(四)

5.1.3 家庭生活行为模式

住户的家庭生活行为模式是影响住宅室内设计的主要因素。而家庭生活行为模式则是由家庭主要成员的生活方式所决定的。

家庭主要成员的生活方式除功能需要和社会文化背景下所赋予的共性外,还具有明显的个性特征。涉及家庭主要成员的职业经历、受教育程度、

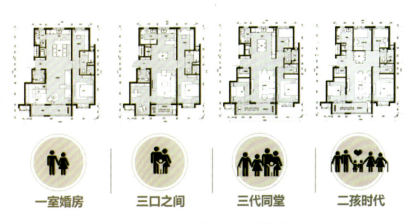

图 5-1-5 多元化家庭户型结构体系

文化修养、社会交往范围、收入水平及年龄、性格、生活习惯、兴趣爱好等诸方面的因素,形成多元化的家庭生活行为模式。按其主要特征可以归纳分类为若干群体类型(图 5-1-5)。

1. 家务型

家务型家庭的特点是以家务为家庭生活行为的主要特征，如炊事、清洁、育儿等。在精神与个性层面的需求不高，设计重点在于家务工作环境，如厨房、服务阳台、储物空间等。要为其提供完备的设施、合理的布局与充分的操作空间，使家务活动在省时省力的原则下完成（图5-1-6~图5-1-9）。

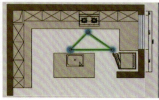

图5-1-6　家务型（一）　　　图5-1-7　家务型（二）　　　图5-1-9　家务型（四）

图5-1-8　家务型（三）

2. 休养型

休养型家庭成员以老年人为核心，生活特征是居家时间长，需要良好的日照、通风和安静的修养环境，同时，根据老年人的生理特点考虑更多的设计细节。如储物柜高度适中，便于取放；墙面隔声以防止干扰；起居室考虑轮椅空间；卫生间的无障碍设计等（图5-1-10~图5-1-14）。

图5-1-10　休养型（一）　　　图5-1-13　休养型（四）　　　图5-1-14　休养型（五）

图5-1-11　休养型（二）　　　图5-1-12　休养型（三）

3. 交际型

文艺工作者、企业家等为主要成员的家庭，其家庭生活特征有待客交友、品茶聊天、打牌弈棋、家庭派对等要求。回家后，可不必考虑工作学习，注重起居空间的生活趣味性；亲朋好友聚餐的次数较多，需要有进餐气氛的餐厅；住宅中的功能区域多，且空间的专用程度高（图 5-1-15）。

4. 文化型

从事科技、文教、卫生等专业技术人员，在家中工作、学习与进修的时间较多，注重子女的教育，平时交往、待客的时间比较少。注重家里有安静的、不受干扰的学习或工作空间（图 5-1-16~图 5-1-18）。

图 5-1-15　交际型

图 5-1-16　文化型（一）

图 5-1-17　文化型（二）

图 5-1-18　文化型（三）

5.1.4　三室两厅住宅室内设计的细化及适老化

户型设计的细化主要是针对厨卫、卧室、玄关等功能性较为专一的空间，通过对它们的细化分区，使在有限的空间内功能更加合理、完整（图 5-1-19~图 5-1-22）。

图 5-1-19　空间细化分区（一）

图 5-1-20　空间细化分区（二）

图 5-1-21　空间细化分区（三）

图 5-1-22　空间细化分区（四）

1. 玄关

在户型入口处设计玄关，既便于出入时存放更换衣帽、包、鞋等物品，又在一定程度上可以装饰门面，提高室内的私密性，在入口处形成过渡空间，避免室内空间一览无余。玄关的设计方便实用，体现了户型设计的细微之处（图 5-1-23~图 5-1-25）。

图 5-1-23　玄关设计（一）　　图 5-1-24　玄关设计（二）　　图 5-1-25　玄关设计（三）

玄关适老化设计（图 5-1-26~图 5-1-29）：

（1）玄关内应设置坐凳方便老人换鞋。
（2）坐凳旁应有可供撑扶的台面便于老人站着换鞋或坐时撑扶。
（3）鞋柜底部设置 250 mm 的架空区，方便老人不用弯腰换鞋。
（4）在适当位置设置玻璃隔断和灯光，加强玄关的采光通风。

图 5-1-26　玄关适老化设计（一）　　图 5-1-27　玄关适老化设计（二）　　图 5-1-28　玄关适老化设计（三）　　图 5-1-29　玄关适老化设计（四）

2. 厨卫

真正体现生活舒适性和品质的房间不仅是客厅和卧室，厨房、卫生间的品质在很大程度上同样影响着生活质量和舒适性。卫生间的细化体现在卫生间功能的专门化和对卫生间管井的整体考虑。对于只有一个卫生间的小户型和大户型中的客卫，卫生间功能的完备是首要的。对于主卧室中的主卫，舒适、方便是首要的（图 5-1-30~图 5-1-32）。

卫生间适老化设计（图 5-1-33~图 5-1-39）：

（1）卫生间洁具布置应考虑留出轮椅进出和回转空间。

（2）卫生间地面与室内其他空间地面交界处不应有超过 20 mm 高差且以斜坡过渡。

（3）卫生间的坐便器、浴缸、淋浴器等处设水平和 L 形扶手，以保证老年人的安全。

（4）坐便器的高度为 450 mm 左右，盥洗台的高度为 800 mm 左右。

（5）盥洗台的高度应比正常的略低，下部应留空方便轮椅使用。

（6）浴室内应设供老人淋浴使用的淋浴凳。

（7）卫生洁具的色彩宜选用白色。

（8）卫生间内暖气位置应做好防护且不能影响通行。

（9）卫生间内应安装防水插座，插座应设置在淋浴范围之外。

图 5-1-30　卫生间设计（一）　　图 5-1-31　卫生间设计（二）　图 5-1-32　卫生间设计（三）

图 5-1-33　卫生间适老化设计（一）　　图 5-1-34　卫生间适老化设计（二）　　图 5-1-35　卫生间适老化设计（三）　　图 5-1-36　卫生间适老化设计（四）

图 5-1-37　卫生间适老化设计（五）　　图 5-1-38　卫生间适老化设计（六）　图 5-1-39　卫生间适老化设计（七）

厨房的细化体现在厨房功能的拆分和完善。传统的"餐厅—厨房"模式被发展为"餐厅—食品储藏—西厨—中厨"模式（图 5-1-40~图 5-1-46）。

图 5-1-40　厨房设计（一）　　图 5-1-41　厨房设计（二）　　图 5-1-42　厨房设计（三）　　图 5-1-43　厨房设计（四）

图 5-1-44　厨房设计（五）　　图 5-1-45　厨房设计（六）　　图 5-1-46　厨房设计（七）

厨房适老化设计（图 5-1-47~图 5-1-49）：

（1）厨房形状以开敞为佳。厨房内空间应保证轮椅的旋转。

（2）橱柜设计应注意操作台面的连续性。台面不宜高于 75 cm，中部柜和上部吊柜距离地面高度分别在 1.2 m 和 1.4 m。尽量多设计中部柜方便老年人使用。

（3）为方便轮椅使用者靠近台面操作，橱柜台面下方应部分留空。低柜距离地面 25~30 cm 处应凹进以便轮椅使用者脚部插入。

 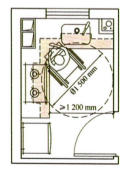 

图 5-1-47　厨房适老化设计（一）　　图 5-1-48　厨房适老化设计（二）　　图 5-1-49　厨房适老化设计（三）

3. 卧室

卧室的细化体现在主卧室功能的完善。改变以往的"卧室—卫生间"的格局,发展为"卧室—衣帽间—卫生间—书房"的模式(图5-1-50~图5-1-55)。在卫生间的前室设置衣帽间,成为完整的沐浴更衣空间。有条件的还可以在主卧室内嵌套空间,与卫生间、衣帽间一起形成完整的主人休息、工作空间。同时,可以将卧室的采光窗设置成观景空间,既可以将室外景观引入室内,又可以丰富室内空间,形成趣味中心。

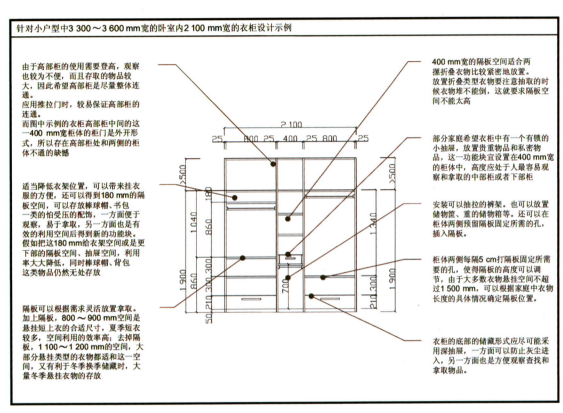

图 5-1-50　卧室设计(一)

图 5-1-51　卧室设计(二)

图 5-1-52　卧室设计(三)

图 5-1-53　卧室设计(四)

图 5-1-54　卧室设计（五）　　　　　　图 5-1-55　卧室设计（六）

卧室适老化设计（图 5-1-56~ 图 5-1-59）：
（1）卧室布置应考虑留出轮椅进出和回转空间。
（2）家具布置应方便老人两侧上下床。
（3）床的两侧需适当设置储物柜、台面放置常用物品及供老人下床时撑扶。
（4）床头附近应设置插座、顶灯双控开关及呼叫器。

图 5-1-56　卧室适老化设计（一）　　　　图 5-1-57　卧室适老化设计（二）

图 5-1-58　卧室适老化设计（三）　　　　图 5-1-59　卧室适老化设计（四）

5.1.5　三室两厅住宅室内设计的灵活变化

灵活变化是指室内设计可以为住户提供最大可能的灵活性，灵活性设计既包括户型内空间功能、内部空间的自主安排，又包括空间的拆分组合（图 5-1-60~ 图 5-1-65）。

项目 5　居住空间设计实训——三室两厅住宅设计　135

图 5-1-60　户型内空间设计的灵活性（一）

图 5-1-61　户型内空间设计的灵活性（二）

图 5-1-62　户型内空间设计的灵活性（三）

图 5-1-63　户型内空间设计的灵活性（四）

图 5-1-64　户型内空间设计的灵活性（五）

图 5-1-65　户型内空间设计的灵活性（六）

设计是一个找寻答案，追求完美的过程，就是要在一定的限定条件下，以最优的方式满足住宅功能空间的需求。因此，除了了解户型的设计原则和影响因素外，还应针对每个项目的要求和制约因素，注重细节设计找到最好的解决方案。

◎ 扬帆起航

想一想：以小组为单位，结合生活，谈一谈自己居住的空间及对户型空间设计的认识。

练一练：(1) 以小组为单位，针对不同家庭结构，讨论三室两厅室内设计的功能特点，收集整理典型案例。

(2) 以小组为单位，讨论分析针对特殊人群需求的精细化设计。

任务 5.2　三室两厅户型设计实例

◆ **建议学时**：理论课时：2 课时，实训课时：16 课时。

◆ **学习目标**：通过讲述理论知识与案例分析，使学生了解三室两厅户型室内设计的特点，通过设计实践，掌握分析和设计方法。

项目 5　居住空间设计实训——三室两厅住宅设计

◆ **学习重点**：重点掌握室内各功能区域的合理设置与划分。

◆ **学习难点**：理解三室两厅户型室内设计的原则，通过实践掌握设计方法和步骤，尝试进行精细化设计。

任务导入

设计背景：业主是一对夫妻，有一位女儿，女儿在上小学，需要一间长辈房，女业主喜欢暖色调，希望能尽多设置一些收纳空间。

根据所给原始平面图（图 5-2-1），室内层高约为 2.85 m，完成该业主家的室内方案设计，要求布局合理，功能完整。

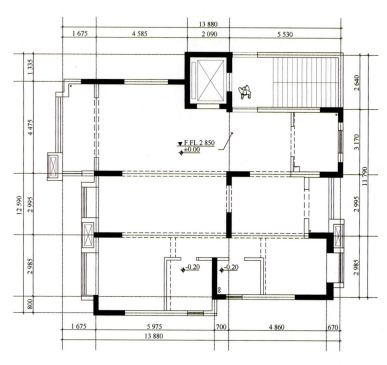

图 5-2-1　原始平面图

知识导航

空间尺寸的精细化设计、水平空间功能的可变性、垂直空间的利用及收纳空间设计四个方面总结出可行的设计策略。

1. 前期准备阶段

了解户型基本情况、了解业主的意图与需求包括业主的家庭成员、工作背景、经济情况和爱好，再通过这些信息了解到客户对使用空间的真正设计需求。

2. 方案设计阶段

（1）设计理念分析。设计理念是贯穿整个软装工程的灵魂，是表达给客户"设计什么"的概念，所以,在这页通过精练的文字表达清楚自己的思想,以确定设计风格。

(2)平面分析。客户居住空间的平面分析图,最好清晰完整,去除多余的辅助线,尽量让画面看起来简洁清爽。注意:平面分析是灵魂,不可或缺(图 5-2-2、图 5-2-3)。

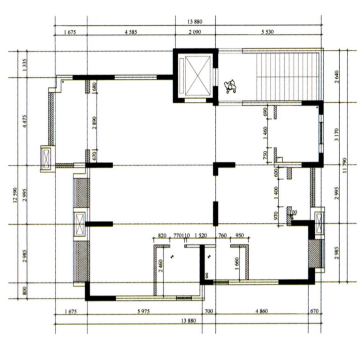

图 5-2-2　墙体拆除尺寸图

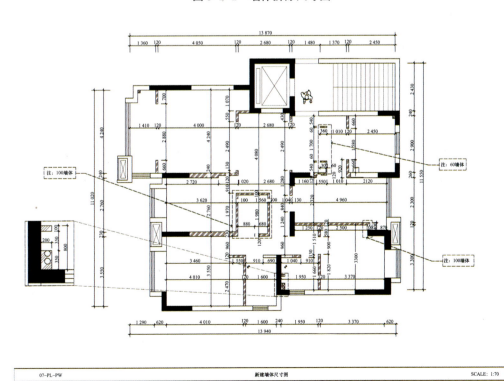

图 5-2-3　墙体新建尺寸图

（3）意向分析，如图 5-2-4~图 5-2-10 所示。

图 5-2-4　意向图（一）

图 5-2-5　意向图（二）

图 5-2-6　意向图（三）

图 5-2-7　意向图（四）

图 5-2-8　意向图（五）

图 5-2-9　意向图（六）　图 5-2-10　意向图（七）

（4）材料分析。设计主题定位之后，就要考虑空间色系和材质定位。运用色彩给人的不同心理感受进行规划，定位空间材质找到符合其独特气质的调性，用简洁的语言表述出细分后的色彩和材质的格调走向（图 5-2-11~图 5-2-15）。

图 5-2-11　配色意向

图 5-2-12　材料意向（一）　图 5-2-13　材料意向（二）

图 5-2-14　材料意向（三）　图 5-2-15　材料意向（四）

（5）软装分析。根据平面图搭配出合适的软装产品，包括家具、灯具、饰品、地毯等，方案排版需尽量生动、符合风格调性，这样更有说服力（图 5-2-16~ 图 5-2-19）。

图 5-2-16　软装搭配（一）

图 5-2-17　软装搭配（二）

图 5-2-18　软装搭配（三）

图 5-2-19　软装搭配（四）

（6）成本分析。室内设计既需要考虑设计效果，也需要考虑成本支出。尤其是从经济成本的角度看，室内设计需要跳出纯工艺的范畴，努力实现设计效果和经济效益的双赢，可以说节约经济成本已成为考量现代室内设计水平的重要指标，设计人员必须综合考虑各种因素做好成本控制。

3.方案深化阶段

（1）硬装方案深化。

平面深化和立面深化图纸可扫码观看。

（2）软装方案深化。

软装方案深化效果图可扫码观看。

平面深化图　　　　立面深化图　　　　软装方案深化效果图

140　项目 5　居住空间设计实训——三室两厅住宅设计

4. 实景效果

实景效果图可扫码观看。

实景效果图

🚩 扬帆起航

想一想：（1）分组讨论各种职业类型对三室两厅居室功能需求的差异。

（2）分组讨论设计方案的制作流程。

练一练：在原始结构图（图 5-2-20）的基础上完成平面方案图、顶面方案图、立面方案图、效果图的设计和绘制。

要求：（1）制图规范标准；

（2）材料标识清楚。

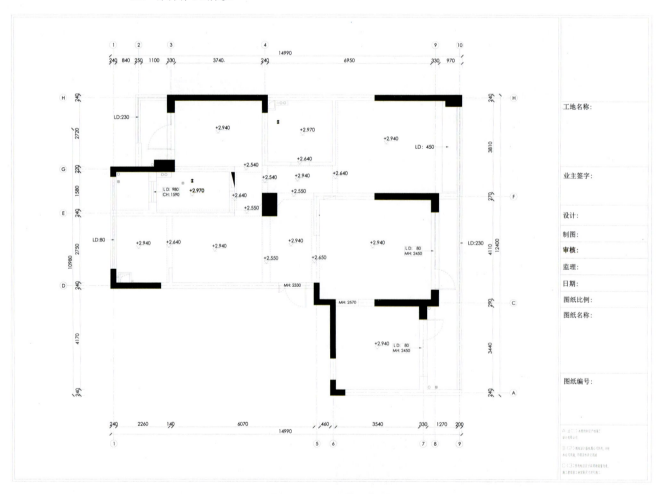

图 5-2-20　原始结构图

项目 6 案例赏析

PROJECT SIX

案例赏析 1：红妆——超大胆的配色，不同的家居新尚风【辰佑设计】

具体内容可扫码观看。

案例赏析：红妆

案例赏析

户型信息：
【户型结构】：三室两厅。
【设计风格】：混搭。
【测量面积】：135 m^2。
【设计主材】：乳胶漆、护墙板、壁纸。

案例赏析 2：小空间大智慧

具体内容可扫码观看。

案例赏析：小空间大智慧

参考文献

[1] 张绮曼, 郑曙旸. 室内设计资料集[M]. 北京: 中国建筑工业出版社, 1991.
[2] 室内设计联盟, https://www.cool-de.com/portal.php.
[3] 杭州辰佑设计机构, http://www.cyid.cn.
[4] 设计本, https://www.shejiben.com.
[5] 黄春波, 黄芳, 黄春峰. 居住空间设计[M]. 上海: 上海交通大学出版社, 2013
[6] 来增祥, 陆震纬. 室内设计原理[M]. 2版. 北京: 中国建筑工业出版社, 2006.

项目编辑：瞿义勇
策划编辑：李　鹏
封面设计：广通文化

五年制高职专用教材

建筑工程法规	吴烨玮	建筑施工技术	徐　庶
建筑工程概论	徐裕平	建筑工程资料管理	刘　凤
建筑力学	黄凤珠	建筑施工组织与管理	嵇德兰
建筑结构	徐明刚	建筑设备	寇红平
建筑力学与结构	单春明	建筑工程经济	顾荣华
建筑构造与识图	毛群英	建筑工程计量与计价	杨贤梅
建筑材料与检测	张　英	装饰工程计量与计价	杨正俊
建筑工程测量	冯社鸣	建筑与装饰工程清单计价	梁　琼
建筑工程测量实训指导	冯社鸣	建筑与装饰工程清单计价实训	王素艳
建筑工程制图	沈　莉	建设工程招投标与合同管理	宋　怡
建筑工程制图习题集	沈　莉	工程造价软件应用	王丽萍
识读建筑施工图（抄绘）	安　巍	居住空间设计	张　雪
平法识图与钢筋翻样	鞠志祥	建筑模型制作	李鹏飞
建筑装饰制图与识图	黄凤珠	建筑施工简明操作教程	徐止喜
建筑CAD	王毅芳	市政工程施工简明操作教程	凌　敏
土力学与地基基础	陈柏兴	建筑工程项目管理简明操作教程	岳　斌
钢筋混凝土工程施工	吴玉金	建筑工程专业工种实训	黄爱清
砌体工程施工	陈英华	顶岗实习安全手册	刘　琳

注：标 为职业教育国家规划教材

免费电子教案下载地址
www.bitpress.com.cn

北京理工大学出版社
BEIJING INSTITUTE OF TECHNOLOGY PRESS

通信地址：北京市丰台区四合庄路6号院
邮政编码：100070
电话：010-68944723　82562903
网址：www.bitpress.com.cn

关注理工职教
获取优质学习资源

ISBN 978-7-5763-0370-4

定价：59.80元